本书由滁州职业技术学院院级科技创新团队“琅琊山野生花卉资源开发及利用”项目（YJCXTD－2017－01）资助出版

番杏科常见多肉花卉
栽培技术

姜自红　著

合肥工業大學出版社

内 容 提 要

本书重点介绍番杏科生石花属、肉锥花属、虾钳花属、对叶花属等30多个常见属的花卉形态特征、生态习性、繁殖方法与栽培养护技术。主要的种(品种)配有图片，书中的拉丁名参照了公开出版的植物志、植物图鉴以及知名专业公司标签等，目的是将国内常见番杏科多肉花卉种(品种)与国外的番杏科多肉花卉准确对应起来。本书中关于花卉种(品种)的繁殖、栽培养护的内容主要是作者的栽培观察记录和实验结果。本书文字简洁、图片清晰、实用性和专业性强，可为国内番杏科多肉花卉生产者、爱好者和研究者提供参考。

图书在版编目(CIP)数据

番杏科常见多肉花卉栽培技术/姜自红著. —合肥：合肥工业大学出版社，2021.2

ISBN 978-7-5650-5175-3

Ⅰ.①番… Ⅱ.①姜… Ⅲ.①番杏科—多浆植物—观赏园艺 Ⅳ.①S682.33

中国版本图书馆CIP数据核字(2020)第248555号

番杏科常见多肉花卉栽培技术

姜自红 著 责任编辑 张择瑞

出 版	合肥工业大学出版社	版 次	2021年2月第1版
地 址	合肥市屯溪路193号	印 次	2021年2月第1次印刷
邮 编	230009	开 本	710毫米×1010毫米 1/16
电 话	理工图书出版中心：0551-62903204	印 张	10
	市场营销中心：0551-62903198	字 数	183千字
网 址	www.hfutpress.com.cn	印 刷	安徽联众印刷有限公司
E-mail	hfutpress@163.com	发 行	全国新华书店

ISBN 978-7-5650-5175-3 定价：78.00元

前　言

多肉植物，亦称多浆植物、肉质植物，在园艺上有时称多肉花卉，是多肉花卉营养器官的某一部分，如茎或叶或根，具有发达的薄壁组织用以贮藏水分，在外形上显得肥厚多汁。近年来，多肉花卉以憨态可掬的外观、迷你的身材、缤纷的色彩和简单易养的特性赢得人们的青睐。目前，全世界范围内共有多肉植物一万余种，分布在70多个科，常见的主要有番杏科（Aizoaceae）、仙人掌科（Cactaceae）、菊科（Compositae）、龙舌兰科（Agavaceae）、大戟科（Euphorbiaceae）、景天科（Crassulaceae）、萝摩科（Asclepiadaceae）和百合科（Liliaceae）等。番杏科是双子叶植物纲的一个科，全科约有142属，1800种以上，多分布于非洲南部，以东海岸最为密集。在番杏科多肉花卉中，很多种类外形奇特，或像外星生物，或像工艺品，或像顽石，甚至有些种类在不同时期形态也差别很大，且颜色多变，花色艳丽，养护简便，成为较流行的观赏花卉。

国内外常见多肉植物图鉴，大多数只给品种拍照并附名称，我们在撰写此书时，重点介绍常见番杏科多肉花卉的形态特征、生态习性、繁殖方法和栽培养护技术，还介绍了部分种类的新品种培育方法及植物组织培养等新技术。主要内容包括认识番杏科、番杏科的繁殖方法、番杏科栽培养护、番杏科常见多肉花卉等。

本书在撰写过程中，得到了安徽绘过园艺有限公司总经理张维扬的大力支持，书中图片由张维扬、曹玉茹、张思宇等提供，部分图片来源于网络和一些图鉴资料，在此对上述有关人员表示感谢。本书的出版由滁州职业技术学院校级科技创新团队“琅琊山野生花卉资源开发及利用”项目（YJCXTD－2017－01）资助，还得到了合肥工业大学出版社有限责任公司大力支持。由于作者水平有限，书中错误之处在所难免，非常欢迎广大读者和专家批评指正。

作　者

2020年11月

目 录

1 认识番杏科

1.1 番杏科的形态特征

番杏科（Aizoaceae）植物为一年生或多年生草本，或半灌木。

茎：直立或平卧。

叶：单叶对生、互生或假轮生，有时肉质，有时细小，全缘，稀具疏齿；托叶干膜质，先落或无。

花：两性，稀杂性，辐射对称（图 1－1，图 1－2），花单生、簇生或成聚伞花序；单被或异被，花被片 5，稀 4，分离或基部合生，宿存，覆瓦状排列，花被筒与子房分离或贴生；雄蕊 3～5 或多数（排成多轮），周位或下位，分离或基

图 1－1 春桃玉的花

图 1－2 勋章的花

部合生成束，外轮雄蕊有时变为花瓣状或线形，花药 2 室，纵裂；花托扩展成碗状，常有蜜腺，或在子房周围形成花盘；子房上位或下位，心皮 2、5 或多数，合生成 2 至多室，稀离生，花柱同心皮数，胚珠多数，稀单生，弯生、近倒生或基生，中轴胎座或侧膜胎座。

果：蒴果（图 1－3，图 1－4）或坚果状，有时为瘦果，常为宿存花被包围；种子具细长弯胚，包围粉质胚乳，常有假种皮。

图 1－3 曲玉的果

图 1-4 大内玉的果

1.2 番杏科的分类

番杏科分海马齿亚科（Subfam. Sesuvioideae）、景天番杏亚科（Subfam. Aizooideae）、半隔番杏亚科（Subfam. Acrosanthoideae）、日中花亚科（Subfam. Mesembryanthemoideae）和舟叶花亚科（Subfam. Ruschioideae）5 个亚科，约 142 属1 800种以上（附表）。番杏科主产于非洲南部，其次在大洋洲，有些分布于热带至亚热带干旱地区，少数为广布种。模式属是 *Aizoon* L.。原产于中国的有针晶粟草属（*Gisekia*）、星粟草属（*Glinus*）、粟米草属（*Mollugo*）、海马齿属（*Sesuvium*）、番杏属（*Tetragonia*）、假海马齿属（*Trianthema*）和日中花属（*Mesembryantheum*）等 7 属，约 15 种，分属检索表见表 1-1。

表 1-1 番杏科在中国分布的 7 个属分属检索表

1 心皮离生 ………………………………………………………………… 针晶粟草属
1 心皮合生。
  2 子房上位。
    3 花被片离生。
      4 种子具环形种阜和假种皮；花有退化雄蕊。 ……………………… 星粟草属
      4 种子无种阜和假种皮；花无退化雄蕊。 …………………………… 粟米草属
    3 花被片合生，具短筒。
      5 花柱 3～5，子房 3～5 室。 …………………………………… 海马齿属
      5 花柱 1～2，子房 1～2 室。 …………………………………… 假海马齿属

2 子房下位。

6 花瓣多数；子房 4 或 5 室，每室有多数胚珠；蒴果。 …………………… 日中花属

6 花瓣无；子房 3～8 室，每室 1 胚珠；坚果。 ……………………………… 番杏属

1.3 番杏科的观赏价值

番杏科的植物种类繁多，形态各异，大部分冬季生长，夏季休眠。所有种类的叶都有不同程度的肉质化，有的带尖刺，有的毛茸茸，有的通体晶莹剔透，还有各种各样的拟态。花，雏菊状，有黄、红、粉、橙、白等颜色。作为观赏栽培的生石花属（*Lithops*）、天女玉属（*Titanopsis*）、对叶花属（*Pleiospilos*）、肉锥花属（*Conophytum*）、鹿角海棠属（*Astridia*）等植物，具有体形小、生长慢、形态奇特、花色艳丽、养护简便、繁殖容易的特点，并且既可以观花，又可以赏叶，其中还有会脱皮的奇特品种，十分适合现代化都市的居住条件和快节奏的生活方式，成为较流行的观赏花卉。

另外，番杏科的部分植物还具有食用价值，如日中花属的部分植物和番杏属植物，其嫩枝和叶具有很高的营养价值。但因其繁殖速度快、适应能力强而容易入侵其他国家和地区。

2 番杏科的繁殖方法

2.1 播种繁殖

2.1.1 种子特点

不同种类的种子成熟期不一致，如生石花从开花到种子成熟需要 90～120 d。如果温度高，光照足，种子成熟期会适当提前。一般种荚干枯时就可以采收，采收后的种荚放在透气的纸袋中，存于阴凉干燥处，经过 30～40 d 度过后熟期。番杏科植物种子普遍较小，其中对叶花属的帝玉种子较大，也仅有小米粒大小，云映玉种子直径仅有 0.1 mm，肉锥花属的种子直径大部分在生石花属（图 2-1）和春桃玉属（*Dinteranthus*）之间。

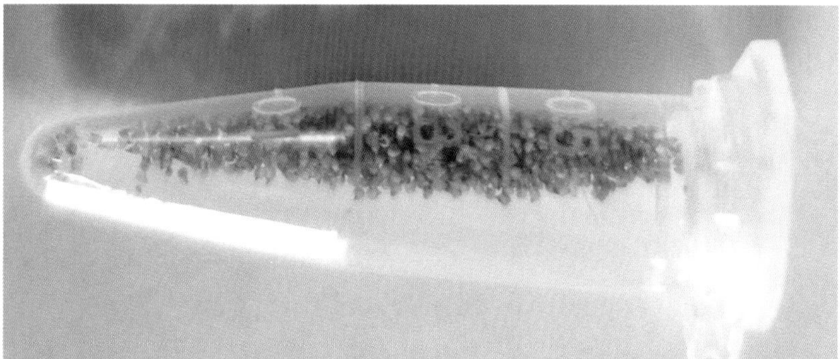

（a）白曲玉的种子

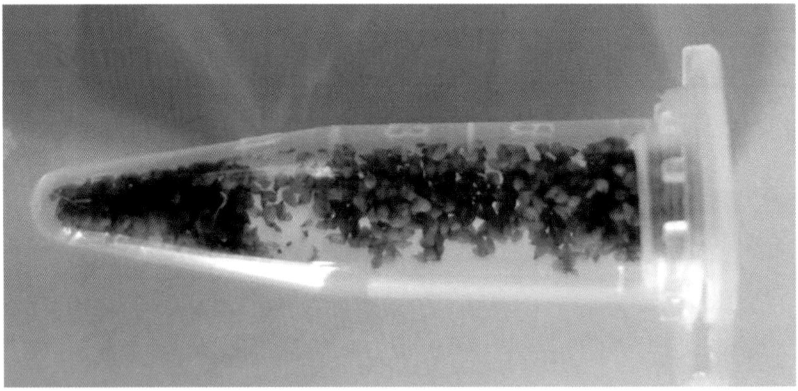

（b）日轮玉的种子

图 2-1　生石花属的种子

2.1.2　播种繁殖

（1）盆器

播种多选用浅盆（深约 10 cm），质地选用紫砂盆、泥盆、瓷盆、塑料盆等均可。新盆需要去燥，旧盆需要消毒。

（2）基质

基质需要疏松透气，富含营养。选用泥炭土 2 份、珍珠岩 1 份、沙子 1 份、园土 1 份混合均匀。配好的基质需要消毒。如在家庭中可以将基质放入保鲜袋中，通过微波炉高温处理 5～15 min，或用高压锅蒸 10～20 min 皆可以消毒。

（3）播种

将消毒好的基质装入盆器，将基质表面抹平，使其离盆沿 2～3 cm。将盆器放入高锰酸钾溶液中浸泡吸饱水，控水后就可以撒播种子。

（4）播后管理

种子播后放置在明亮无直射光的温暖处，保持温度 15～28 ℃。番杏科植物的种子，大多数在 5～20 d 萌发，与大部分植物的种子结构相似，发芽后先看到两片子叶，子叶逐渐长大、长厚，有的还能长成半圆球形，之后便开始第一次脱皮，直到长出真叶。一般从子叶上很难辨认种属或品种。播后半个月基质开始偏干，需及时补充水分，并每天打开覆盖物透气。

2.2　无性繁殖

番杏科植物也可以进行无性繁殖，主要是分株和扦插。

2.2.1 分株繁殖

分株繁殖适用于矮小、生长迅速、容易群生且高度肉质的种类。如虎腭花属（*Faucaria*）、窗玉属（*Fenestraria*）、晃玉属（*Frithia*）、照波花属（*Bergeranthus*）及菱叶草属（*Rhombophyllum*）植物等（图 2-2）。在春季分株结合换盆进行，分株时从群生植株的基部切开，若带根可直接栽种，若无根则待伤口干燥后插于微潮的沙床中发根，生根一周后再植。

图 2-2 口笛的分株繁殖

2.2.2 扦插繁殖

扦插繁殖适用于植株较高、生长迅速、易生侧芽的灌木型或沿地面匍匐生长的品种，如鹿角海棠属、仙宝木属（*Trichodiadema*）、金绳玉属（*Jordaaniella*）、梅斯木属（*Mestoklema*）植物等。扦插时在春季和秋季均可进行，选取充实的顶端枝条，剪成 6～10 cm 长，将伤口晾干后带叶插入微潮的沙床，基质不宜过湿也不宜过粗。扦插时室温应控制在 15～20 ℃，扦插后 2～3 周生根，再隔一周即可移植。

2.3 组培繁殖

传统繁育技术容易造成多肉植物品相退化、繁育时间过长等问题，组培快繁技术是解决多肉植物大批量繁殖问题的较合适的方法。目前已研究了不同植物的最适外植体部位、不同生长阶段的培养基及其植物外源激素的最适配比和移栽的基质配比等问题。

2019 年张淑红等以枝干番杏（*Drosanthemum ramulosum*）的带叶茎段为外植体，研究了枝干番杏组织培养不经过愈伤组织阶段。芽诱导最适宜的培养基为 MS＋6－BA 8.325 mg/L＋NAA 16.65 mg/L，芽丛生继代最适培养基为 MS＋6－BA 2.4 mg/L＋NAA 9.6 mg/L，根诱导最适培养基为 1/2 MS＋6－BA 1.2 mg/L＋NAA 4.8 mg/L。

2016 年范丽楠等利用组培技术进行了生石花种子萌发及幼苗生长的不同培养基类型、激素成分及光照等最优条件的筛选，结果显示 1/2 MS 培养基最适合生石花种子萌发及幼苗生长，16 h 为最优光照时间，0.1 mg/mL 的 GA_3 浓度以及4 h的浸泡时间为最优组合。该研究为生石花组织培养快繁技术研究奠定基础。牟豪杰等以生石花成熟种子为外植体，通过愈伤组织间接再生途径获得了生石花的再生植株，并建立了生石花的快繁体系，结果显示萌发后的幼苗在 MS＋6－BA 0.5 mg/L＋NAA 0.05 mg/L 培养基上被成功诱导出愈伤组织；不添加 6－BA的 MS 培养基有利于愈伤组织的分化；在 MS＋6－BA 0.05 mg/L＋NAA 0.01 mg/L 培养基上不定芽增殖率较高可达 5.60。该研究建立了生石花植株离体再生及快繁体系，有利于生石花种质资源保护和工厂化生产。

2016 年周静等以照波（*Bergeranthus multiceps*）茎段为外植体，MS 为基本培养基，通过添加不同的植物生长物质种类和浓度配比，筛选各阶段最适宜的培养基。结果表明其在 MS＋NAA 0.1 mg/L＋6－BA 1.0 mg/L 的培养基组合中利于愈伤组织诱导，在 MS＋NAA 0.05 mg/L＋6－BA 0.3 mg/L 的培养基中有较多不定芽形成。MS＋NAA 0.1 mg/L 培养基为其最佳的诱导生根培养基，生根苗移栽成活率达到 90%，在 1/2 MS＋NAA 0.06 mg/L 和 1/2 MS＋NAA 0.03 mg/L 培养基中培养 60 d 后可见黄色花苞形成。试验初步建立了照波组织培养体系。

2016 年陈思等以非洲冰草（*Mesembryanthemum crystallinum*）顶芽为外植体，建立了非洲冰草的组培快繁体系。结果表明非洲冰草种子适宜的消毒方法为用体积分数为 70%的乙醇浸泡 30 s 后，用质量分数为 0.1%的 $HgCl_2$ 消毒 1 min；种子在含有 4 mmol/L 的 KNO_3 的育苗培养基上萌发率可达 98%，且幼苗长势最好；

幼苗在 MS+6-BA 0.5 mg/L+NaCl 80 mmol/L+30 g/L 蔗糖+6 g/L 琼脂的培养基上玻璃化率仅为 10.83%，增殖系数可达 2.76；在不添加外源激素的生根培养基上均能获得健壮的生根苗，生根率达 100%；幼苗经炼苗后进行移栽，成活率可达 71%。

2016 年申顺先等以温室中生长的露花（*Mesembryanthemum cordifolium* L. f.）幼嫩茎段为外植体，利用正交试验等方法研究了露花微繁技术体系。结果表明，用体积分数为 70%～75%的乙醇浸泡 30 s，再用质量分数为 0.1%的升汞浸泡 6 min 对外植体消毒灭菌就能达到理想的效果；对于无顶芽茎段，丛生芽增殖最适培养基是 MS+NAA 0.05 mg/L+6-BA 0.9～1.5 mg/L+GA_3 0.3 mg/L+蔗糖 30 g/L+琼脂7 g/L，而对于有顶芽茎段要达到相同增殖预期，则在其他成分不变的前提下，6-BA浓度需要达到 1.5 mg/L。无顶芽茎段更适合作为丛生芽增殖的培养材料，生根最适培养基是 1/2 MS+IBA 0.2 mg/L+蔗糖 30 g/L+琼脂 7 g/L。

2015 年吴正景等以风铃玉（*Conophytum friedrichiae*）叶片为外植体诱导愈伤组织并分化出不定芽，经生根得到再生植株，建立了风铃玉离体再生体系。风铃玉愈伤组织诱导的较好培养基为 MS+NAA 0.2 mg/L+6-BA 0.2 mg/L，诱导率为 85.7%；最佳诱芽培养基是 MS+IBA 0.02 mg/L+6-BA 0.2 mg/L，能直接诱导出生长健壮的丛生芽；最佳生根培养基是 1/2 MS+IBA 0.1 mg/L，生根率高达 83.3%。

除以上植物外，刘红美等建立了龙须海棠（*Mesembryanthemum spectabile*）的组织培养快繁体系并观察到试管内开花现象，最适培养基的生根率可以达到 90%，在相对湿度为 90%和温度为 23～25 ℃条件下成活率为 92%。丁如贤等研究了粟米草（*Mollugo pentaphylla*）的组织培养和快速繁殖。

3 番杏科栽培养护

3.1 环境条件

3.3.1 栽培基质

番杏科植物原生地的土壤极其贫瘠，栽培时在普通粗沙里添加少量泥炭土和蛭石即可，不需要添加肥料，尤其是不能添加有机肥料，否则会刺激植株的表皮和根系，导致其腐烂。

3.3.2 光照条件

大多数番杏科植物在气温没有持续达到 35 ℃且通风良好的情况下，可以接受直射阳光；但原产于灌木丛、湿草原和高原地带生活的种类（颜色呈浅绿或黄绿色叶片有透明部分或比较薄），当气温高于 30 ℃时不能长时间接受阳光直射，否则叶片会被灼伤或叶下出现气泡，严重时会导致死亡。番杏科植物必须有足够的日照时间，如果长时间室内遮光养护，会严重徒长，且易被病虫危害；如果空气潮湿，则需要将植物放置于尽可能干燥通风的位置并接受阳光照射，否则容易出现因湿热而导致的腐烂现象。

3.3.3 水分条件

栽培番杏科植物时根据盆土的干湿状况、花盆的大小和排水的快慢进行水分补充。一般表土已干就进行浇水，到盆底有水渗漏为止，也可以坐盆吸水，但坐盆吸水易引起土表积累盐渍。大部分种类需要遵循冬季及春季保持盆土微润、夏季尽量不浇水、秋季加强浇水的原则。浇水时不要将水洒到叶面，以免引起植株的灼伤或腐烂。不可浇水过多，防止老叶吸水膨胀无法褪去，影响新叶生长。

3.2 多头培育

番杏科植株一般从播种到开花需要一年的时间，能够开花标志着大多数植株开始分头，比如口笛（*Conophytum luiseae*，图 3－1）、紫花小锤（图 3－2）、红花小糙、清姬在精细养护下，原来的 1 头可以分为 2～3 头，最多可以分裂为 7 头。但要特别指出的是，把 1 株单头的生石花养成 30～50 头，至少需要 10 年以上。

图 3－1 口笛

图 3－2 紫花小锤

培育番杏科多头植株，应考虑以下几个相关的因素。

(1) 品种选择

虎腭花属和菱叶草属的品种，生长速度较快且容易培植，一年就可以育成多头。肉锥花属的多头培育可以采用播种繁殖，但一年后才能看出成株的特征，最好的方法是分头扦插，当头数达 20～30 头时，增加的速度明显变慢。生石花属大多数分头慢，在头数达到一定数量时，也存在分头速度下降的问题。生石花种系不同，分头速度和数量完全不同，云映玉（*L. werneri*）、李夫人（*L. salicola*）、丽虹玉（*L. dorotheae*）、黄鸣弦玉（*L. bromfieldii* var. *insularis*，图 3－3）和碧琉璃（*L. terricolor*，图 3－4）等分头速度很快，播种后第二年就开始分头，4～5 年后头数可达 30 以上。对叶花属的品种，如帝玉，有时播种时会出现多头，但本身分蘖能力弱。藻玲玉属的无比玉（*Gibbaeum cryptopodium*，图 3－5）和春琴玉（*G. petrense*，图 3－6）播种当年就分头，3 年可达 10 头以上。

图 3-3　黄鸣弦玉

图 3-4　碧琉璃

图 3-5　无比玉

图 3-6　春琴玉

(2) 基质配比

团粒结构好、矿物质含量适中、通透性强、氮肥弱而磷钾肥足的基质，最利于番杏科植物的生长。番杏科很多种类的原产地土壤十分贫瘠，因此培育多头植物时用菜园土再添加河沙和少量蛭石或珍珠岩，就完全能满足其 2～3 年的生长需要。如果栽培基质肥沃，根系发育反而会受阻，出现“烧根”现象，影响正常生长，就不会分头。

(3) 粗放管理

休眠期不同的番杏科植物在休眠期的管理也不一样。生石花休眠期要注意昼夜温差、水分、通风等条件；肉锥花属在最炎热的季节可考虑遮阴和控水。室外养护的生石花，更能显示出生石花本身鲜明的特点：手感瓷实坚硬，颜色鲜亮，纹路清晰，易于开花，花后易结籽，籽粒饱满，来年脱皮快，老皮易干枯脱落，也易分头。北方地区，如果不是气温持续高到 35 ℃以上，能保持通风良好，完全可以大水漫灌、喷淋等。

大部分露天栽培的番杏科植物在气温没有持续达到 35 ℃且通风良好的条件下，可以放心地接受直射阳光，以利于分头培育。原产于灌木丛或高草地带的种类，如肉锥花属的部分品种在气温达到 30 ℃以上时就不可以长时间接受强阳光照射，否则会灼伤表皮或使叶面出现透明的气泡。

露天栽培的番杏科植物可以不定时浇水，除中午前后室温高、基质受热严重时不浇水外，其他时间均可以浇水。但忌浇水重而多。

番杏科从小苗分植开始，就可以用较大（15 cm 以上）略深的盆。以生石花为例，1 年生的苗，可以采用多株一盆栽的形式；如果两年后换土换盆，盆中苗株数量要减半，1 年就能成型。当每棵都长到一定的头数时，苗株就可用单盆种植了。

4 番杏科常见多肉花卉

4.1 生石花属（*Lithops*）

4.1.1 概述

生石花属植物的原始种约 80 种，还有大量园艺种和变种，都是多年生肉质草本，几乎无茎；球状叶呈淡灰色或淡棕色，叶表皮较硬，色彩多变；顶部平坦，具有深色树枝状凹陷纹路，或花纹斑点，称作“视窗”，视窗半透明。生石花的窗面多与周围环境一致，植物顶部有一裂缝，裂缝中开花，花单生，雏菊状，花径2～3 cm，花白色或黄色，花期在秋、冬季，中午盛开，与植株同大。该属植物形态奇特，色彩艳丽，具有很高的观赏价值（图 4－1）。

图 4－1　各种生石花群植（张维扬　供）

4.1.2 原产地

生石花属自然分布在非洲的西南部、南部和中心地区（西南非洲的纳米比亚，南非的开普省、德兰士瓦省、奥兰治自由邦，非洲南部的博茨瓦纳），总分布面积高达1 300 000 m^2。在博茨瓦纳的典型种是 *L. lesliei*。生石花生长在海拔1～2 450 m的地区。

通常，生石花喜欢栖息在降雨量少（年降雨量少于 500 mm）的排水良好的石质山脊、低斜度的山坡、粗糙险峻的斜坡、高山的顶部、孤石丘和平原的石质边缘（图 4－2）。它不栖息在沙丘或者沙地上，也不栖息在森林地带或者灌木区，不能忍受极端寒冷的气候。原产地夏季气温不高，平均温度是 8～20 ℃。如 *L. gesineae*，*L. geyeri*，*L. gracilidelineata* subsp. *brandbergensis* 等种群栖息在高海拔的山顶，是栖息海拔最高的品种。*L. francisci*，*L. helmutii*，*L. schwantesii* 等是栖息在低海拔的品种。

图 4－2 生石花的栖息地

（引自 *LITHOPS FLOWERING STONES*）

通常来说，生石花原生地土壤是砂土、壤质砂土、砂质黏土和砂质壤土等。如 *L. salicola* 通常生长在钙质结砾岩的山脊上，但是在一些碱性的、平坦或者略微下陷的“锅状平地”（表面覆盖着 25 mm 深的黏土，散落着一些小石头）上也有分布。土壤的 pH 值范围为 4.5～10.5。一般在较干燥的地方偏碱性，而在多雨的地方则偏酸性。

总之，生石花栖息地千差万别，它们包括各种岩石、土壤以及它们的混合体。岩石有石英岩、花岗岩、钙质结砾岩、石灰岩、板岩、页岩、片麻岩等。土壤的质地有砂土和壤土，土壤的颜色有红色、红棕色、棕色、灰色、黄灰色等。

虽然生石花有众多的栖息地类型，周围石头的颜色也不尽相同，但是大部分是浅色调的，这些浅色岩石不仅可以为生石花遮阴，还可以反射阳光，使温度降低。除此之外，这些浅色的岩石在夜晚最先冷却下来，并冷凝周围的湿气，逐滴渗入岩石缝里，滋养植株的根部。

生石花属植物的形态特征与它的栖息地的地貌、岩石种类及颜色、土壤类型等自然条件有很大的关系。植株的体色有时结合了土壤和岩石的特征（图 4－3），如在钙质结砾岩构成的山脊或者斜坡上只能发现 *L. hallii*；在石英岩构成的小丘陵上只能发现 *L. hookeri*；在深色有条纹的铁矿石、碧玉和碎石构成的平地上只能发现 *L. verruculosa*。又如 *L. bromfieldii* var. *bromfieldii*，有着红色的体色、黄白色的边缘和纹理，这和红色土壤上的白色并带有红色斑点的石英石很相似。

图 4－3　生石花的体色与土壤和岩石相似

（引自 *LITHOPS FLOWERING STONES*）

4.1.3　分类与命名

生石花属的植物叶型有圆形、椭圆形、肾形、心形等。叶片纹路通常有网状或条纹状，和原生地周围环境中岩石（各种形状和颜色的石英石、碧玉、长石、片麻岩、花岗岩等）的纹理类似。生石花的窗面特性包括：岛或半岛状纹理的颜色、沟渠线纹、各种半透明状或暗棕色的点。窗面有的有沟渠，有的光滑，有些有皱纹，有的平坦，有的凸起。有的生石花两个叶片缝隙巨大，有的几乎融合。另外，花色、种荚结构和种子形态等，都是区分生石花属的种、亚种、变种或园艺种的重要标准。

生石花属的植物，其拉丁名包含起源地信息，并遵循国际植物命名法规（ICBN）。生石花属植物有十分奇特的仿生特征，因此同种（或品种）在不同地区栽培会表现出不同的形态，难以准确识别。植物学家科尔认为，不存在一个有效的分类标准来鉴别生石花品种。现在我们所接触的生石花商品大部分来自科尔夫妇（Desmond Cole 和 Naureen Cole）的编号。科尔编号是他们在对生石花属植物的习性和地理分布进行了长期的野外研究的基础上，并根据发现地点的不同对生石花进行的编号。整体规则是以“C＋数字”的形式进行组合，字母 C 后的数字代表着该编号的发现地点，如果该地点发现两种或两种以上的生石花，或这个编号出现了变异品种，则在数字的后面加 A，B，C，…，以此类推。现在科尔编号有 447 个，分别标记着生石花的自然分布情况，每个编号都对应着详细的产地信息（见表 4－1），具有一定的权威性、规范性。

大内玉系列中的 C081、C081A 中的“081”表示二者是在同一地点发现的，后者加“A”则表示为前者的变种，即 C081 是大内玉，C081A 是红大内玉。C142A 和 C142B 分别是巴厘玉系和富贵玉系中某品种编号，表示它们是在同一地点发现的不同品系的生石花品种。由于科尔编号只是代表在不同地点发现的生石花，就出现了很多个科尔编号的生石花拉丁名完全一样的现象，即便是同一个编号，所繁殖的后代性状也不尽相同，甚至有很大的差异，因此编号图谱只能作为一个品种参考，具有一定的典型特征，不能作为品种识别的依据。同时并不是所有生石花都有科尔编号。除科尔编号外，还有哈默的 SH 编号、弗里兹的 F 编号、布拉克的 SB 编号、修尼斯的 EH 编号、斯克曼的 TS 编号等不同的编号，但都没有科尔编号应用广泛。此外，国外的一些园艺公司也有自己独立的销售编号，如 FDP 销售编号、Mesa Garden 销售编号等。

表 4－1　科尔生石花产地信息表

（部分，引自 *THE GENUS LITHOPS*）

<table>
<tr><th>生石花品种</th><th colspan="3">Cole 体系分类
subsp. 亚种/var. 变种/form 类型/syn. 旧名</th><th>Cole 编号</th><th>特征描述</th></tr>
<tr><td rowspan="3">L. aucampiae
日轮玉
（黄花）</td><td rowspan="3">subsp.
aucampiae</td><td rowspan="2">var.
aucampiae
日轮玉</td><td></td><td>C002，C003，C004，C046，C061，C117，C172，C255，C257，C298，C333，C334，C366，C389，C392，C395</td><td>黄棕色到红棕色叶面和斑块，不同程度深棕色的渠纹多变，线纹、大窗纹都有，渠纹轻微下陷</td></tr>
<tr><td>Kuruman form
库鲁曼地方型</td><td>C011，C012，C173，C325，C332</td><td>库鲁曼地方型大都是巧克力棕色窗渠</td></tr>
<tr><td>var.
koelemanii
赤阳玉</td><td></td><td>C016，C256</td><td>偏红色叶面，棕色的点或线渠纹</td></tr>
</table>

（续表）

生石花品种	Cole 体系分类 subsp. 亚种/var. 变种/form 类型/syn. 旧名			Cole 编号	特征描述
L. aucampiae 日轮玉（黄花）	subsp. *euniceae*	var. *euniceae* 光阳玉		C048	红棕色顶面，窗沿有流水线渠纹
		var. *fluminalis* 阳月玉		C054	灰棕色顶面，窗沿有较密的流水线渠纹
L. gracilidelineata 荒玉系（黄花）	subsp. *gracilidelineata* 荒玉	var. *gracilidelineata* 荒玉		C261，C262，C309，C367，C374，C385，C385A	偏白色体色，褶皱的网纹沟渠
			syn. *streyi* 丝瑞玉	C373	丝瑞玉褶皱凹凸不明显，叶面更平滑
		var. *waldroniae* 苇胧玉		C189，C243，C189A	更加凹凸的褶皱和细密的网纹沟渠，花很小
	ssp. *brandbergensis* 舞岚玉			C383，C394	不透明或者模糊的叶面，偏淡黄体色，碎网状红棕色红纹线条
L. julii 寿丽玉系（白花）	subsp. *jullii* 寿丽玉			C063，C064，C183，C297，C297A，C349	叶面纹路多变，分为三大类：叶面为奶白色，有模糊的白沟渠（淡纹寿丽玉），红棕色网格线纹叶面（网纹寿丽玉），棕色窗渠面（暗纹寿丽玉），纹路大都属于这三者或者其中两种的过渡，很多个体会沿着叶缝长有唇纹
		syn. *chrysocephala* 大理石		C205	大理石为棕线碎网格纹叶面
		syn. *brunneoviolaceae* 雪玉		C218	雪玉为淡纹叶面

（续表）

生石花品种	Cole 体系分类 subsp. 亚种/var. 变种/form 类型/syn. 旧名			Cole 编号	特征描述
L. julii 寿丽玉系（白花）	subsp. *fulleri*	syn. *fulleri* 福来玉		C024，C056，C056A，C062，C121，C122，C161，C162A，C171，C203，C230B，C259，C319，C323，C378，C416	一般有窗，窗沿形状多变，有时泛棕色，窗沿嵌有短棕红纹线。窗内可能有斑块和棕红线，叶缝处没有唇纹
			var. *brunnea* 茶福来玉	C179	外表类似福来玉，体色更偏棕色，叶面更凸起
			var. *rouxii* 福惜玉	C215，C216，C217，C324	外表类似福来玉，主要区别为窗沿处红纹规整嵌入，窗内斑块的轮廓模糊
L. karasmontana 花纹玉系（白花）	subsp. *karasmontana*	var. *karasmontana* 花纹玉		C223，C225，C226，C408	变化极大，有叶面不透明纯色的，有狭窄沟渠线纹构成网纹的，有半透质感窗渠的，在颜色上也有很多变化
			syn. *jacohseniana* 春光玉	C227	春光玉、美熏玉叶面大都嵌有棕黑色线纹
			syn. *mickbergensis* 美熏玉	C168，C169，C317，C327	
			Signalberg form 信号山地方型	C065，C328	信号山地方型叶面颜色为淡铁锈色或者淡黄灰色
		var. *aiaisensis* 爱爱玉		C224，C409	叶面不透明、不光滑，表面线纹轻微下陷，在靠近叶边缘处发散，形成鸡爪样晕纹
		var. *immaculate* 无瑕玉		C417	叶面没有任何可见的斑块，在有细微色差的窗渠处轻微下凹
		var. *lericheana* 朱弦玉		C193，C267，C329，C330	粉色、古铜色或者暗绿色体色，较宽的暗色半透明宽窗渠，有时窗渠内有模糊的红细线纹，叶面斑块轻微凸起
		var. *tischeri* 纹章玉		C182	砖红色叶面，沟渠颜色暗棕红色，叶面内斑块凸起明显

（续表）

生石花品种	Cole 体系分类 subsp. 亚种/var. 变种/form 类型/syn. 旧名			Cole 编号	特征描述
L. karasmontana 花纹玉系（白花）	subsp. *bella* 琥珀玉			C108，C143A，C285，C295	淡黄色到淡橘色叶面，窗渠暗色半透明。窗渠内红纹非常模糊。叶面凸起，表面光滑，斑块无凸起
	subsp. *eberianzii* 福寿玉			C082，C208，C369，C370，C370A，C398，C399，C400，C401，C402，C405	米白色、淡粉色、灰褐色、青灰色体色为主，叶面有红色到棕黑色的细线纹，有些没有窗渠，其他有窗渠的，窗渠一般不宽，围绕在细线纹周围
		syn. *erniana* 英留玉		C147，C209	英留玉体色偏黄褐色
		syn. *erniana witputzensis* 白英玉		C149	白英玉体色泛微紫色
L. lesliei 紫勋系（黄花）	subsp. *lesliei*	var. *lesliei* 紫勋		C007，C010，C018，C026，C027，C028，C029，C031，C033，C115，C138，C139，C331，C342，C343，C344，C352，C358，C407	棕色为主，多变的叶面色，叶面平整，叶面窗渠由不透明到微透明，松花纹、树枝分叉纹为主，由窄线到拓宽占据叶面都有
			syn. *luteoviridis* 青紫勋	C020	青紫勋叶面有油光光泽，纹路为朦胧暗绿色
			Grey form 灰紫勋	C008，C009，C151，C359	灰紫勋体色更偏灰色
			Kimberley form 金伯利地方型	C014，C341，C354	金伯利地方型颜色、纹路有些近似弁天玉，颜色和纹路特征介于紫勋和弁天玉之间
			Pieterburg form 彼得斯堡地方型	C030，C032	彼得斯堡地方型一般为超宽线渠，或者合并为全窗，窗内有些残留碎斑
			Warrenton form 瓦伦顿地方型	C005，C005A，C036，C036A，C036B，C096	瓦伦顿地方型习性强健，叶面除了线渠纹路还分布有斑点纹，有时纹路变粗合并掉了斑点纹

（续表）

生石花品种	Cole体系分类 subsp. 亚种/var. 变种/form 类型/syn. 旧名			Cole编号	特征描述
L. lesliei 紫勋系（黄花）	subsp. *lesliei*	var. *hornii* 宝留玉		C015，C015A，C364	叶面为橙棕色，树枝状分叉纹路
		var. *mariae* 摩利宝		C141，C152	叶面棕褐色，纹路由大量斑点线纹组成
		var. *minor* 小型紫勋		C006，C006A	纹路上为树枝纹，伴有许多点纹，体型小于普通紫勋
		var. *rubrobrunnea* 紫褐紫勋		C017，C204	斑块和叶面色泛红，体色偏红褐色
		var. *venteri* 弁天玉		C001，C047	体色呈灰白色，线渠为黑灰色，叶面树枝分叉纹到大窗都有
			syn. *maraisii* 摩瑞玉	C153	
	subsp. *burchellii* 宝奇玉			C302，C308	体色灰白色，页面纹路是细网纹状，由大量细线纹构成
L. optica 大内玉（白花）				C081，C081A，C275，C276，C277，C286，C287，C288，C289，C290，C292，C294，C307，C310，C404，C414	灰绿色到灰粉色体色，叶缝深，窗型轮廓清晰，窗内偶尔会有小斑点
	Maculate form 多纹大内玉			C291，C293，C311	多纹大内玉窗内有许多碎斑块儿，体型更大
L. salicola 李夫人（白花）				C034，C037，C049，C320，C321，C322，C351，C351A，C353	灰色体色，叶面平整到微凸，朦胧的灰绿色窗面，一些窗面内会有碎斑块，一些会有大量明显或模糊的短棕黑线纹，并嵌入窗沿，一些窗沿和斑块会泛白泛黄
	Maculate form 多纹李夫人			C086	窗内分布大量碎斑块

注：科尔体系内编号后缀字母分两种情况：一是表示这个编号的品种出现了变异品种，用原始编号加后缀字母表示变异来自这个品种（例如C081和变异的C081A）；二是这个编号栖息地有两个及以上品种共生，此时没有原始编号，直接用编号后缀字母区分品种（例如C230A、C230B和C230C）。

常见栽培的生石花，为了栽培管理的方便，通常会将它们按习性分成非常强健、强健、普通、敏感和困难五大类（表 4－2）。

表 4－2　生石花的栽培习性分类表

栽培习性	种　类
非常强健	日轮玉，富贵玉（露美玉类），花纹玉，朱弦玉变种，橄榄玉
强健	栢榴玉，彩妍玉，巴厘玉，紫勋玉，曲玉，李夫人，招福玉，碧琉璃
普通	宝翠玉，丽虹玉，微纹玉，源氏玉，青瓷玉，朝贡玉，云映玉
敏感	神笛玉，古典玉，荒玉，大津绘，留蝶玉，丽典玉
困难	太古玉，菊水玉（哈默选拔），碧赐玉，美梨玉

4.1.4　繁殖方法

（1）播种繁殖

生石花种子需要 1～2 年的后熟期。自然环境下，种子可以在 15～20 年内保持活性。种子播种前 1 周可以陆续将储存后熟的果实割开，或用手捏破种荚，用小镊子慢慢把种子分离出来；或用水浸泡后收集种子。去除杂质，即可播种。

① 播种时间：一般春播在 4 月中旬以后，幼苗能在初夏逐渐增加的阳光下茁壮成长。秋播在 10 月上旬。冬季温室温度控制在 10～25 ℃也可以播种。

② 播种容器：播种用浅盆，最好使用瓦盆（瓦盆透气透水性好，土壤容易干），有利于种子发芽，陶盆、紫砂盆等亦可。在冬季播种时为保持湿度，也可以用不透气的塑料盆等。

③ 播种基质：基质采用疏松透气，且保水性能好的土壤，尽可能贫瘠，如粗沙（砾石）、过筛的表层泥炭土等。播种基质可以是体积比为 4∶4∶2∶1∶1 的营养土、煤灰、沙子、草木灰、珍珠岩混合。或是表层用过筛的细颗粒的赤玉土，下层用赤玉土＋泥炭或稻壳灰。一般情况不宜采用纯沙和无土栽培基质及腐殖土。因为纯沙的基质，没有营养物质，生石花发芽后植株很小，生长不好；而腐殖土因容易生长细菌以及出现病毒而导致其腐烂。大量播种时，可以选用商业化的基质。准备好的基质要消毒，以保护小苗不受各种疾病的侵袭。消毒方法可以用高锰酸钾溶液浸泡：首先在盆内装入下层土，约占盆的 2/3，上面铺上 1 cm

厚度的表层土，将整个盆土浸入高锰酸钾溶液中，浸到盆面以下 1/3 深度即可，消毒液通过盆底部的孔虹吸浸润土壤。盆土充分浸透后，可用喷雾器喷少许清水或在喷雾的水中再加入少许长效抗菌剂，如甲基托布津、百菌清等药物，将更有助于种子安全萌发，喷水后盆面平整洁净即可播种。也可以将基质在微波炉中用中温加热 15 min 消毒。消毒过的基质装入消毒过的盆中，厚度约10 cm，盆土距盆最上沿 2～3 cm。把盆用洇水法浸湿，等土壤完全浸湿后，在通风状况下放置 2～3 d，就可以准备播种了。

④ 播种：为了便于管理，不同品种要分开播种，不要混播，因为种类不同种子萌发时间也不同。播种一般在晴天上午进行，如播种后遇上连续阴雨天气，发芽会推迟。播种前在土壤表面撒一层沙子，喷水将沙子喷湿。生石花种子十分细小，播种时要仔细均匀地撒在沙子上，也可以用干燥的细沙拌匀，撒在盆里。最好是密播，这将有助于提高萌发率。播种后不要覆土，立即用塑料膜（或玻璃片）等覆盖物将盆盖上。白天气温高时，要掀开一角通风，下午盖严，以保持湿度。播种盆放置温暖湿润和明亮的散光处（不是在太阳直射下）或用日光灯作为光照源，温度控制在 15～20 ℃，温度 30 ℃以上要遮阴。种子一般第 3 d 开始萌发，直到 10 d 左右的时候萌发完毕。在种子发芽期，播种容器不要移动，也不要被大风吹。第一对子叶大概在 5～7 d 后出现。在自然栖息地，一个种荚通常会有几百个种子，通常1 000个种子才能最终长成一个成株。在人工养殖条件下，成活率得到提高，温室中有的发芽率接近 100%。如果发现种子几个星期还没有发芽，可以使苗盆干透放置，待第二年再来浇水会出现一个出芽高峰。

⑤ 苗期管理：高空气湿度有利于萌芽和小苗的生长。种子萌发后可以将覆盖物逐渐除去，1 个月后完全去掉，让幼苗逐渐适应周围环境。萌发后的生石花苗非常怕潮湿、阴暗和霉菌，不要立即浇水，应保持充足、柔和的光照，等土壤表面干燥后才可以用洇水法浸湿土壤，等土壤再次干燥时再进行下一次浇水。每次浇水时交替使用杀菌剂药物，避免病菌耐药，可以保证较高的成苗率，但药物浓度不可过高。要检查小苗根部是否暴露在土壤表面，如果根部露出，要轻轻地将它埋到土里去。幼苗喜温暖湿润、阳光充足而不强烈的环境，夏天要适当遮阴，温度高时，可用套盆法浇水，或在盆子下面放水盘使播种盆底部湿润，或每天傍晚喷雾补充水分（水中可以加少许抗菌剂）。冬季要尽量多见阳光，盆土不可过于干燥，其他季节可粗放一点。冬天第一个休眠期是对小苗的第一次考验。如果小苗越冬之前没有储存足够的养分将会被干死。施肥在种子发芽后 1～2 个月才可以进行，肥要极淡，可当作浇水，用洇水法施肥。在发芽后的 6～8 个月

中，基质必须保持湿润，注意在温暖的时候通风。

⑥ 幼苗移栽：播种苗可以在第一次脱皮后（6 个月以后）移苗和间苗，目的是对苗子的品种进行初步筛选，剔出柔弱、畸形和花纹差的个体，选拔强壮的苗进行重点培养。秋播苗生长到春节期间就开始脱皮并看出一些形态了，可以延迟到翌年春天再移栽，以提高成活率。移栽的用土和播种类似，不能使用大颗粒、大肥力基质。移苗时可以修根，每个苗仅保留 1 cm 的根即可。具体操作时可以在基质中间挖一个小洞，将生石花的根小心地放入洞中，将土压到根上，让基质填满小洞。移栽后 2 d 内不要浇水，3 d 后可以在傍晚喷雾（要加入杀菌剂），随后逐步见光，大约 1 周后新根即可萌出，进入正常管理。

（2）分株繁殖（分头繁殖）

分株繁殖也即分头繁殖。生石花变成多头时，可以分头繁殖，分头的数量和品种相关。有些只裂分成少数几个头（比如日轮玉、荒玉、曲玉等），有些则可以裂分成很多头，形成簇丛（比如柘榴玉、橄榄玉、留蝶玉等）。栽培多头趋势的生石花种类，可以短时间内通过分头繁殖获得大量的植株。分头繁殖的具体操作是提前将要分离的生石花从盆中拔出，晾晒 2～3 d，用锋利的刀具切除想要分离的小头，不要割伤储水组织，保留根部的一些组织。切除后的小头放置在干燥的基质上，放置 7～10 d，其间禁止浇水。

（3）植物组织培养繁殖

生石花播种繁殖时种子细小，生长速度缓慢，从萌发到开花至少需要 3 年；而分株方式繁殖率较低，实际生产栽培中使用较少。采用组织培养方法可以在短期内使植物快速繁殖，并缩短植物生长发育周期。目前对生石花组织培养研究仍处于探索阶段（牟豪杰等，2016；范丽楠等，2016）。

4.1.5 栽培养护技术

日常养护需要做到以下几点。

① 土壤和施肥：各种生石花生长的土壤虽各不相同，但都避免使用过多的腐殖质、泥炭、堆肥，或者类似的肥土，防止这些土壤中含有导致植株腐烂的真菌或细菌，最终引起整个植株的感染。可以用体积比为 1∶1 的砾石（或砂石）和过筛泥炭土充分混合而成。

培育生石花除了需要使用排水良好的基质，还需要对生石花幼苗进行周期性的施肥。缺乏营养的生石花（如土地过于贫瘠，或者缺乏必要的营养物质）特征如下：植株显示出各种不同的苍白色，特别是窗面原本漂亮的颜色变得模糊或水化样；植株半透明或玻璃状；表皮很薄，对环境影响敏感（一些药剂会促进腐烂，使整个植株最终死掉，或植株的裂缝出现变化，变得像钳子一样）。在正常脱皮后，植物由健康的倒圆锥形变成了徒长的、毫无生气的植株（图4－4）。这样的植株只能移盆，有规律地施肥，小心给水，等到再次脱皮后才能恢复正常的外观。

图4－4 徒长的生石花

② 光照、通风和温度：在南非和纳米比亚自然环境中生长的生石花有充足的阳光，它们可以在小山丘的阴影处、岩石缝隙、各种大小的岩石背面、草缝、灌木丛中避免正午艳阳的照射。家庭盆栽时最好是放置在朝南的阳台，使生石花能得到充足的阳光和新鲜的空气。在正午适当遮阴，并提供良好的通风条件，来保护它们不被灼伤。将生石花放置在朝西的窗台，也可以避免生石花被灼伤。通常，生石花不耐霜冻，在自然栖息地，偶尔会有几个小时暴露在轻微的霜冻中，但是由于土壤中存有白天日照后的热量，因此不会被冻死。冬天栽培时，将生石花置于室内阳光最佳处或阳光充足的温室里。

③ 浇水：生石花和其他花卉浇水的普遍规则一致，即一次性浇透而不是分多次给水，在土壤完全干透时浇水。浇的水应该是软化水，或者将自来水静置1 d后使用。生石花在自然栖息地，一年中很多时候都是依靠清晨的露水或者雾气来满足其对水分的需求。因此生石花浇水是“少浇水比多浇水好”。如果浇水过大过多，会造成开裂，病菌从开裂的伤口进入，迅速扩散，最后会导致腐烂。一年四季都可以在晴天日照后的夜晚对生石花喷雾，这样就像是在自然栖息地的夜晚或清晨获得的水滴或雾气。

春天（4月），可以用喷雾来消除老皮上的灰尘并加速新叶的生长。5月，在新叶出现、老叶几乎干透的情况下，开始浇透，但是要少量地给水。6月至10月，生石花在发皱的时候给水。在夏日的正午阳光直射下，生石花很快就会发皱，可以在晚上用蒸馏水或者干净的雨水喷雾补水（开花时不适用）。选择在夜间进行浇水，一是因为夜间温度较低，生石花能从土壤中更长时间地吸收水分，从而得到更好的恢复（给水后第二天皱纹就可以消失）；二是因为夜间浇水，水滴不会形成透镜，不会引起生石花的灼伤。11月起生石花进入脱皮期（表4－3），开始对其断水，必须彻底干燥土壤，为休眠期做好准备。12月到翌年3

月，生石花进入冬季养护时期。在我国，冬天是生石花的休眠期，在这期间生石花从表面来看停止了生长，表面发皱，但是它们的新叶却悄悄地在孕育，这期间切勿浇水。且在进入冬季休眠前，秋季应该尽早断水，这样残留在土壤中的水分可以在休眠期来临之前干透。否则寒冷而潮湿的环境会导致生石花的死亡。同样，也应该尽量避免高湿度的空气环境。

表 4－3　常见生石花的脱皮期

脱皮期	品　　种
12 月上旬	曲玉、翠娥玉
12 月中旬	荒玉
12 月下旬	微纹玉、源氏玉、留蝶玉、云映玉
1 月上旬	日轮玉、紫勋玉、柘榴玉、富贵玉
1 月中旬	碧赐玉、碧琉璃、彩妍玉
1 月中下旬	花纹玉、朝贡玉、法传玉、神笛玉、招福玉、寿丽玉、丽虹玉、茧形玉、巴厘玉、李夫人、天津绘、古典玉
2 月上旬	瑙琳玉、菊水玉、橄榄玉、太古玉、美梨玉、青瓷玉、宝翠玉
2 月中下旬	大内玉

④ 虫害和病害：当生石花植株生病或生虫时，看起来会有点松弛，或者外观有一些病态。发生虫害和病害时尽量不要使用化学方法来控制。

化水是生石花人工养殖过程中最严重的问题，化水是因为土壤环境有真菌，一旦植株感染，从化水开始到整个植物变成果冻状只需要几个小时，化水还会散发出腐烂的气味。为了防止化水扩散，最好将化水的植株隔离开来。如果在多头上发生感染，需要用无菌处理过的锋利刀片切除化水的头子。重新种植的植株需要单独隔离几个星期。

大批量播种苗最易得立枯病，生立枯病的小苗变成玻璃状，并在短时间内死去。可以使用低浓度的 8－羟基喹啉硫酸盐喷洒。为了防止这类感染，播种前土壤应该彻底消毒。

根粉蚧防治。首先检查植物的根部有无根粉蚧（白色的丸状寄生虫，大约 1 mm大小），如发现虫体，物理防治方法是将整株植物彻底修根，并换盆及换土，药剂防治方法是用呋喃丹进行喷灌。

蓟马会引起生石花表皮畸形，即出现奇怪的、丑陋的、木栓化的表面，或者出现结痂、不规则缺失。蓟马体长 2～4 mm，肉眼可见，它咬破了生石花的表皮，一旦真菌孢子或者细菌从这些裂缝中进入，便对新叶造成伤害。出现蓟马的植物往往是去年开过花的，而且伤口仅仅限于表面。

自然捕食者主要是攻击露养的生石花，如鸟类攻击后，表面形成三角形的伤口，需要将伤口置于干燥的地方，直至愈合。在下一个春天脱皮后，伤口就会恢复。生石花在自然栖息地，也会受到啮齿类动物、大型哺乳动物、昆虫、其他动物（如乌龟）等的侵害。在连年干旱时，更会被啃食，甚至一些非洲的游牧民族也经常采用这些生石花来解渴。生石花生存的严峻局面来自人类本身对大自然的过度开发。

⑤ 移植：生石花不需要频繁地移盆，一般 3～4 年一次。但如果因为施肥不当、使用硬水导致基质石灰化、病害或虫害时，则需要及时移栽，或购买了种植在腐殖土或纯泥炭上的生石花商品也需要尽快地移盆。最佳移盆期是 1～8 月，因为这期间生石花脱皮已经完成，且花芽尚未形成，此时移栽，生石花可以比冬天更好地服盆。要注意不能在花期移盆，花期移栽会导致花蕾过早枯萎或凋零。选盆时，需要考虑的是生石花主根的长度，通常盆需要 8～10 cm 的高度。移盆时，生石花植株会对水特别敏感，尤其是根部组织的伤口相比于其他部位的伤口更迫切地需要修复。因此移盆后需要保持 7～10 d 的土壤干燥，同时避免阳光直射。移盆时可能会发生植株发皱的现象，这是缺水状态，不影响后期生长。因为生石花移盆恢复很快，给水后，皱纹就会消失。暖和的天气将促进生根，因此冬天可以使用加热垫。移栽时不需要像野外生长的生石花一样将整个株体都埋在土壤下面（野生生石花埋于土下可以避免很多风险）。但是对于人工培育，如果埋得过深，会因为土干得不够及时导致生石花茎下部、根上部（分生区域）腐烂。因此，移栽时将分生区域留在土壤上面。

⑥ 授粉杂交：大部分生石花的花期在秋、冬季，只有曲玉等极少数品种是夏季开花（表 4-4）。一般来说秋季较早开花的是翠娥玉、荒玉等，随后是日轮玉、紫勋玉、花纹玉、朝贡玉、柘榴玉等，接近尾声的是瑙琳玉、菊水玉等，不同栽培条件下品种的盛花期可能略有区别。生石花一般午后开花，到日落前闭合，花期为 5～7 d，最长的是黄微纹玉（长达 10 d 左右）。在自然栖息地，授粉通常由昆虫完成，如蜜蜂、黄蜂、蝴蝶、苍蝇、甲壳虫等。人工栽培时，因为生石花自花不亲和，如果想要授粉成功，必须有两个不同的个体，且选择花朵发育程度差不多的两个单株，一般在开花期的第 3～5 d 进行授粉，此时花粉已经成熟，柱头也开始分泌黏液，授粉过程中要保持花朵干燥。

表 4-4　常见生石花的开花期

花　期	品　种
9 月	翠娥玉、荒玉、云映玉
9～10 月	微纹玉、源氏玉
10 月	日轮玉、紫勋玉、花纹玉、朝贡玉、柘榴玉、富贵玉、碧赐玉、碧琉璃、彩妍玉、法传玉、神笛玉、留蝶玉、招福玉、寿丽玉、丽虹玉、巴厘玉、李夫人、天津绘、丽红玉、福来玉、青瓷玉
10～11 月	瑙琳玉、菊水玉、橄榄玉、兰型玉、太古玉
12～1 月	大内玉
5～6 月	曲玉

授粉时选择有阳光的午后，授粉者用小号的软刷子或超细毛笔（不同品种的花采用不同的授粉笔，以防混杂），轻轻地划过各自的花药，然后互相交换花粉。成功的授粉可以看到母本柱头变黄（被花粉覆盖）。授粉后，还需要做一些隔离措施来防止昆虫授粉引起的杂交。为了提高授粉成功率，可以在第二天重复授粉一次。为了降低授粉操作难度，选择父母本时，可以选择雌蕊柱头高出雄蕊的生石花作为母本、花粉量大但雌蕊不明显的作为父本。通常生石花不同花色之间的授粉不会成功，即使结了种子也不能播出来，即使播出来了也是很弱的苗。当然也有少数例外。杂交种子可能培育出吸引人的品种，但是杂交种的性状不一定能遗传，因为遗传物质有可能在杂交后代中被分离（孟德尔遗传定律），所以它们与亲本不再相似。

当授粉成功后，1 周左右花朵逐渐枯萎，子房膨大开始孕育果实，此时要多浇水。在授粉后 2～3 周花瓣基本凋谢（图 4-5），操作者用小镊子轻柔地夹除枯萎的花瓣，暴露果实，让光线更好地照射到果实上。果实迅速膨大肥厚，与不去掉花瓣的果实相比，体积和种子数量要高出至少 2 倍（图 4-6），这期间要给予足够的肥水和光照。果实在 6～8 个月后成熟变干，不同品种和栽培环境会导致种子成熟速度不一。在自然栖息地，当种荚遇到雨水时，会自然裂开，种子从种荚弹射出来。雨后，种荚又会自然收拢，剩余的种子被种荚安全包裹起来，等待下一次雨水。在人工培育时，采收果实要从果柄基部剪下，果实收集之后，不要急于剥开果实取种子，应将果实置于阴暗通风处晾干，然后装入硫酸纸袋保存，以促进种子的后熟。采收的种子当年秋天即可播种。

图 4－5　生石花授粉 2 周后

图 4－6　生石花果实

⑦ 变异：在生石花的进化过程中，常常发生自然的、稳定的变异。如颜色变异、体形变异等，其中颜色变异有体色变异和花色变异等，体形变异主要是畸形和缀化。一旦这些变种适应了周围的环境（自然选择），这些基因将遗传到下一代。

体色变异：植株颜色与周围环境一致是生石花生存的关键策略，有些体色变异表现为与同种生石花相比有更加突出的颜色（绿色、黄绿色、红色）。这些颜色鲜艳的生石花在人工栽培的环境下可以得到更好的保护。

花色变异：开黄花的生石花群体里会有白花基因突变。花色变异一般不会影响生石花原本的体形和可育性。

畸形：生石花叶片有的不只是两瓣，如有的叶片有三瓣、四瓣，甚至有更多叶片的变异株型。变异株型多在成株上出现，现象很短暂，会在下一个脱皮期后消失。畸形一般不是基因突变，是栽培环境引起的。

缀化：缀化后的植株不开花，因此不可育，不能有性繁殖。

4.1.6　常见种类

(1) 日轮玉（*L. aucampiae*）

日轮玉别称太阳玉，开黄花，为中型到超大型种，超大型品种单头直径可超过 5 cm。日轮玉表面纹路轻微下陷，但不形成沟槽。日轮玉系是生石花中最强健的品种之一，耐旱耐涝耐荫，不易徒长。日轮玉系下分两个亚种，每个亚种各有两个变种（见 4.1.3 节中表 4－1），体色有红褐、酒红、巧克力、红灰、紫灰、黄等颜色。日轮玉常见栽培种类见表 4－5。

表 4－5　日轮玉常见栽培种类

名　称	特　征	图片（张维扬　供）
L. aucampiae 'Rubrobrunneus'	普通个体颜色为暗红色	
L. aucampiae 'Corona'	窗面呈黑巧克力色，并且是全窗的窗面	
L. aucampiae 'Storms's Snowcap' （积雪日轮， 科尔编号 C392）	是一个花色突变日轮品种。开白花，窗面呈巧克力色	
L. aucampiae 'Betty's Beryl' （科尔编号 C389）	是一个花色体色突变园艺种。开白花，黄绿色的体色，有光泽的暗灰绿色纹路	
L. aucampiae 'Jackson's Jade' （科尔编号 C395）	是一个黄绿色体色突变园艺种。开黄花，底色为黄绿色，纹路是有光泽的暗灰绿色	

（续表）

名　　称	特　　征	图片（张维扬　供）
L. aucampiae 'Pink form' （科尔编号 C325）	是一个体色特选品种。侧面和窗边缘为粉色，窗面仍然是黑巧克力色，但肤色为粉红色	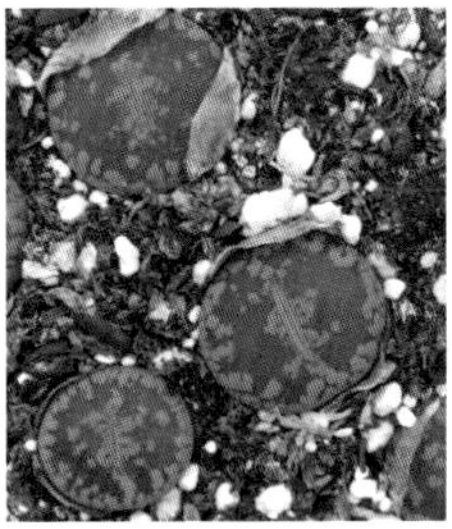

（2）荒玉（*L. gracilidelineata*）

荒玉系一般开黄花，也有白花荒玉。成年后的荒玉纹路凹凸明显，形成核桃一样的脑花质感。荒玉系下分两个亚种：舞岚玉亚种（ssp. *brandbergensis*）和荒玉亚种（ssp. *gracilidelineata*）。荒玉亚种下又分两个变种：变种荒玉（var. *gracilidelineata*）和变种苇胧玉（var. *waldroniae*）。变种苇胧玉和变种荒玉外观很相似，主要区别在于变种苇胧玉叶面纹路沟渠更深，花朵（直径 10～15 mm）和种夹很小，属于小花种。变种荒玉是大型种，并且不喜欢分头，单头直径可达到 50 mm 左右，习性很强健，喜光喜水，夏天休眠特征不明显。荒玉常见栽培种类见表 4－6。

表 4－6　荒玉常见栽培种类

名　　称	特　　征	图片（张维扬　供）
L. gracilidelineata 'Fritz's White Lady' （白花苇胧玉， 科尔编号 C189A）	是一个花色变异品种，其他特征和普通苇胧玉一样	
L. gracilidelineata 'Vertigo' （绿舞岚玉， 科尔编号 C383A）	是一个黄绿色体色变异品种，开黄花。该品种具有翠绿到黄绿的体色，窗面上有暗红色的红纹线条	

(3) 花纹玉(*L. karasmontana*)

花纹玉系花色为白色，纹路和颜色上的变化比较多，多数为中型到大型种，科尔编号有 30 多个。在种植方面，其对光照的要求稍高，缺光容易徒长，需要给予较多的日照。主要有花纹玉、朱弦玉、琥珀玉、福寿玉等原生种，园艺种也非常多，常见栽培种类见表 4－7。

表 4－7　花纹玉常见栽培种类

名　称	特　征	图片(张维扬　供)
L. karasmontana 'Top Red'	具有心形的体形，红棕色的窗面，浅灰色的侧面，白花。亮红棕色的顶面并夹杂一些小斑，形成网眼纹路的顶面。属于中型种	
L. karasmontana 'Orange Ice'(冰橙，Mesa 销售编号 MG1625.43)	顶面为橘红色	
L. karasmontana 'Purper'(紫花纹玉)	有着显眼的紫红色顶部和体色，开白花	
L. karasmontana 'Sunstone'	窗面颜色为浅橙黄色到橙棕色，窗面带有宽到窄的沟渠条纹，通常从叶缝处延伸到窗面边缘，一般形成明显的网状纹路，花白色。生长速度快、开花株龄小	

(4) 紫勋 (*L. lesliei*)

紫勋系的大部分品种是以棕色为主色调，其中也有一部分品种有着特殊的体色，紫勋系是生石花中繁衍最成功、分布最广泛的品种。由于紫勋栖息地广泛，作为最早栽培和园艺化的品种之一，有着众多的变异品种，在Cole编号体系中它的比例是最大的。除了少数几个特点鲜明的品种，其他大部分繁多的紫勋品种不容易区分。紫勋系开黄花大花，个别品种是小型紫勋，其余都是中型到超大型种，其种子相对于其他品种属于非常巨大的尺寸。紫勋系习性强健，不易徒长，栽培管理相对简单，其中黄绿紫勋是既好养又便宜的漂亮品种。紫勋常见栽培种类见表4－8。

表4－8　紫勋常见栽培种类

名　　称	特　　征	图片（张维扬　供）
L. lesliei 'Ventergreen'（绿弁天玉，科尔编号C001A）	是一个绿色体色变异品种。为深绿色的分叉纹路，浅绿色的底色，侧面体色逐渐变灰，开黄花	
L. lesliei 'ex de Boer'（白弁天玉）	没有弁天玉原有的树杈形纹路，极度退化为点纹和少许的短线纹，露出了大片的灰白色底色	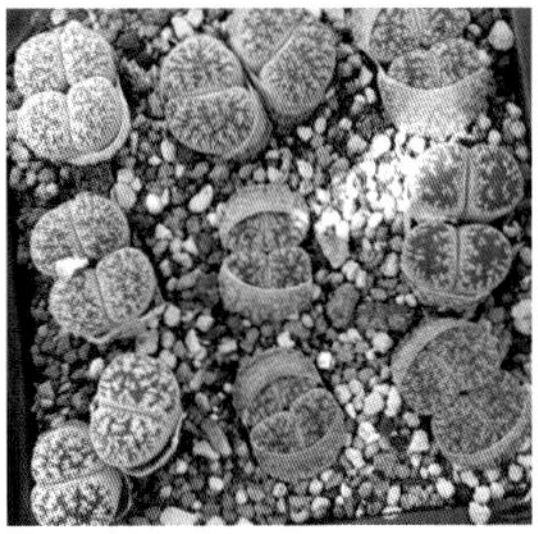
L. lesliei 'Black Top'（全窗紫勋又叫全窗弁天玉、黑弁天，科尔编号C153）	原有的树杈形纹路连合形成充满叶面的窗面，全窗的叶面窗色呈棕黑色，并不是完全的黑色	

（续表）

名　　称	特　　征	图片（张维扬　供）
L. lesliei ‘Greenhorn’ （绿宝留玉， 科尔编号 C015A）	是一个白花绿色体色变异品种。开白花，线条纹路呈暗绿色，体色为青绿色	
L. lesliei ‘Fred's edhead’ （酒红紫勋）	有着亮红色的体色和树枝纹路，成年株体形大，开黄花，有时花瓣尖端颜色会泛红	

（5）大内玉（*L. optica*）

大内玉叶片灰绿色，纹路比较单调，有两种类型：一种是窗面清澈的大内玉，另一种是窗面带有斑点的大内玉。大内玉花色为白色，花期在冬季，属于中小型种。大内玉系下园艺品种有红大内玉：呈心形，体色红色，通常有窗面，宝石一样呈半透的红色，窗面上很少有斑纹，花色为白花，经常出现花瓣尖端为淡粉色的情况。红大内玉是少水、耐晒的品种，对湿热环境耐受性很弱，栽培时要增强基质的透水性，在强日照的夏秋季注意控制浇水。

大内玉原产地是所有生石花产地里秋季最干旱的，离纳米比亚的海岸线近。大内玉主要靠雾气补充水分，是不容易养殖的品种，它的生长周期比一般的生石花要推迟 2～3 个月。甚至在休眠期，大内玉也不是完全休眠，脱皮时老叶抽干的速度非常慢，并且有时会发生从叶茎结合处长出侧芽的有趣现象。在温度为 8～10 ℃时植株会轻微缩水。休眠期保持在 12～15 ℃，每隔一段时间少量喷雾。其他的养护方法和普通的生石花基本一致，但频繁喷雾的浇水方式会让大内玉生长得更好。大内玉常见栽培种类见表 4－9。

表 4-9 大内玉常见栽培种类

名　　称	特　　征	图片（张维扬　供）
L. optica 'Rubra'（红大内玉）	具有心形的体形，体色红色，通常有窗面，呈半透明的红色，窗面上很少有斑纹。花色为白花，经常出现花瓣尖端为淡粉色的情况。特点在于极快的生长速度	
L. optica 'Rubragold'	是一个花色和体色变异的大内玉品种，虽是红色的大内玉，但花色为黄色，花朵中心区域为白色	

(6) 寿丽玉（*L. julii*）

寿丽玉系下分两个亚种：寿丽玉亚种和福来玉亚种。福来玉亚种类似“裱花小蛋糕”的样子，寿丽玉亚种外表类型变化稍多。寿丽玉系为白花，对阳光需求稍大，多为中小型种。寿丽玉常见栽培种类见表 4-10。

表 4-10 寿丽玉常见栽培种类

名　　称	特　　征	图片（张维扬　供）
L. julii 'Red Reticulata'	具有亮红色的红纹线条，和网纹寿丽玉具有一样的外表	

（续表）

名　　称	特　　征	图片（张维扬　供）
L. julii 'Hotlips'	叶缝处有着变宽的暗色斑纹，就像嘴唇一样	
L. julii 'Kikusiyo Giyoku' （菊章玉）	白花，窗面有像叶脉一样的纹路。侧肩部灰色，窗面里排布着鲜艳的红棕色线条，并且形成类似菊花的纹路	
L. julii 'Fullergreen' （科尔编号 C056A）	是一个绿色体色变异品种，白花。窗面一般为灰绿色，窗边缘和斑点有时会呈黄绿色，窗面边缘具有明显的红纹线条	
L. julii 'Red-violet' （紫福来玉或者紫苑）	窗面边缘有暗色的短线状红纹线条，有时暗色红纹线条会分布到整个窗面上，窗面会存在不透明的小斑点，颜色和窗面边缘一样为紫粉色，侧面为紫灰色	

(7) 李夫人(*L. salicola*)

李夫人系和寿丽玉系的福来玉亚种在形态上非常接近，但体色和表面质感不同。李夫人系栖息地在盐碱地带内和其边缘，会周期性地被水淹没，是一个习性极其强悍的品种，也是生石花中最不容易水大烂苗的品种。但李夫人系也是最容易徒长的品种，缺少阳光或者过多的水分会造成其植株徒长。李夫人常见栽培种类见表 4－11。

表 4－11 李夫人常见栽培种类

名　称	特　征	图片(张维扬　供)
L. salicola 'Malachite' (绿李夫人，科尔编号 C351A)	是一个绿色体色突变品种，开白花。仅在颜色上和普通的灰绿色李夫人不同，体色呈现青绿色，窗面底色为灰绿色，斑点和窗边缘为黄绿色	
L. salicola 'Bacchus' (紫李夫人)	有着暗酒红色的体色，像熟透了的紫葡萄。在光照强度变化的情况下体色会有一定的变化。该品种易徒长，需小心控水	
L. salicola 'Super Mac' (多纹李夫人)	是一个纹路选拔品种。窗面被大量斑块填充，半透明沟渠形成网纹	

（续表）

名　　称	特　　征	图片（张维扬　供）
L. salicola 'Daikangyoku'（大观玉）	是一个纹路培育园艺种。窗面内没有斑点（或斑点极微小几乎不可见，填充在网纹中），但窗面上充满了暗棕色红纹线条，并且构成细密的网纹	

(8) 曲玉（*L. pseudotruncatella*）

曲玉系内有 5 个亚种，3 个变种，24 个科尔编号。曲玉全株绿色，常伴有凹陷斑纹，窗面没有凹凸或者凹凸不明显，以深绿色纹理为主。有观赏价值的曲玉品种，颜色和纹路形态丰富，颜色有粉色、红色、棕色、淡绿色、白色，一些品种窗面上还会有暗点存在。纹路主要是无纹—碎网纹—网纹的变化，还有树枝纹和无规则短线，少数瑞光玉个体会出现脑纹和拿铁纹。曲玉系喜水喜光，是个较强健的品种，并且夏天休眠特性也不明显，在 5 月就可以开花。曲玉主要是中大型种，个别是超大型种，属于栽培的热门品种。曲玉常见栽培种类见表 4 - 12 和表 4 - 13。

表 4 - 12　曲玉常见栽培种类

名　　称	特　　征	图片（张维扬　供）
L. pseudotruncatella 'Split Pea'（绿曲玉）	开黄花。体色常年为绿色，在春天脱皮后新叶绿色体色会轻微泛白，到了夏天绿色体色会变深	

（续表）

名　　称	特　　征	图片（张维扬　供）
L. pseudotruncatella 'Springbloom'	早花型，开黄花。黄棕色的体色，棕色或者红棕色的线纹和灰色的点散布在窗面上，并形成细致的网纹。该品种一年两次开花，一般为4月底到5月初第一次开花，大多数会在6月再次开花	

表4－13　曲玉常见栽培种类图谱

科尔编号	名　　称	图片（张维扬　供）
C104	*L. pseudotruncatella* ssp. *archerae*	
C306	*L. pseudotruncatella* ssp. *archerae*	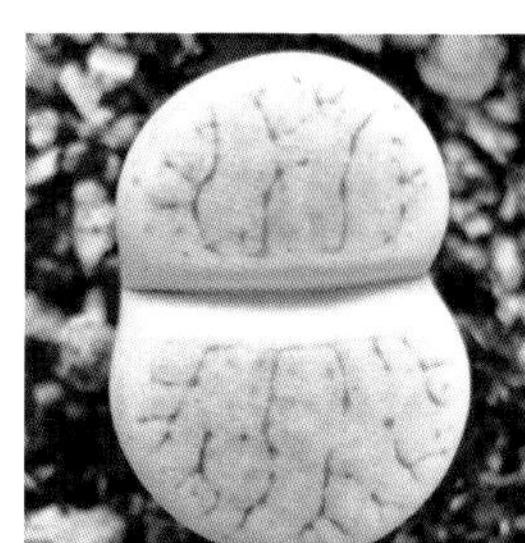
C072	*L. pseudotruncatella* ssp. *dendritica*	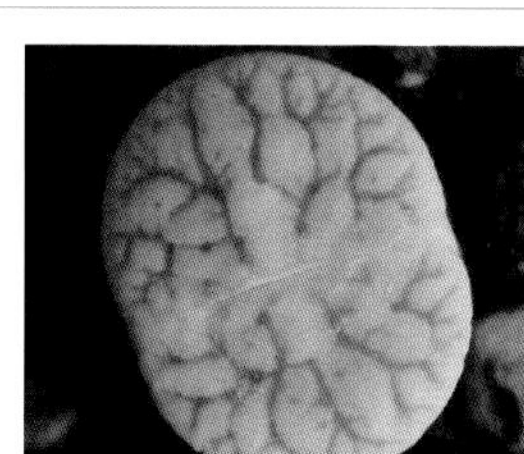

（续表）

科尔编号	名　称	图片（张维扬　供）
C073	*L. pseudotruncatella* ssp. *dendritica*	
C245	*L. pseudotruncatella* ssp. *dendritica* （琅玕玉）	
C071	*L. pseudotruncatella* ssp. *dendritica* （福音玉）	
C239	*L. pseudotruncatella* ssp. *groendrayensis*	
C246	*L. pseudotruncatella* ssp. *groendrayensis* （白顶藏人玉）	

(9) 富贵玉（*L. hookeri*）

富贵玉花为黄色，有很多地理型，色彩以黄、红、棕为主，纹路单调，除了C091是中小型种，其他基本是中到大型种。品种强健，易成活，既不容易徒长，又能长到很大，栽培相对容易。富贵玉常见栽培种类见表4-14。

表4-14 富贵玉常见栽培种类

名　称	特　征	图片（张维扬　供）
L. hookeri 'Annarosa'（绿富贵玉）	体色为翠绿色，花色为黄色	
L. hookeri 'Shimada's Apricot'	体色为杏红色，表面沟槽半透明，槽底为明亮的红纹，侧面颜色更为苍白并且带有轻微的粉色	
L. hookeri 'White Suzan'	花色为白色到粉色	

(10) 朝贡玉（*L. verruculosa*）

朝贡玉系是一个很独特的品种，叶面上有着其他系生石花都不具有的红色小疣突。朝贡玉系有两个变种：变种朝贡玉（var. *verruculosa*）为大中型种，疣点明显，叶面有轻微的磨砂质感；而变种茯苓玉（var. *glabra*，C025、C160、C177）体形小，红疣点也较少、较小，叶面更光滑且有光泽，一般为蓝灰色或者淡粉色叶面。朝贡玉系是生石花中花色最丰富的一个系（图 4－7），有淡黄色、金黄色、暗黄色、浅橙色、黄棕色、橘红色、柠檬黄、玫红色、奶油白色等；花瓣内圈有时也会有一定程度的深浅变化，还有可能会出现粉色、橙色、淡紫色、品红色的内圈颜色；有的花瓣还能看到中脉纹路，非常有观赏价值。朝贡玉常见栽培种类见表 4－15。

图 4－7　朝贡玉的花色（引自多肉联萌）

表 4-15　朝贡玉常见栽培种类

名　　称	特　　征	图片（张维扬　供）
L. verruculosa 'Rose of Texas'（红花朝贡玉，俗称德州玫瑰）	玫红色花色，偶尔会有绿色体色个体出现	
L. verruculosa 'Verdigris'（绿朝贡玉）	体色为铜绿色，但花色为淡黄色	

4.2　肉锥花属（*Conophytum*）

4.2.1　概述

肉锥花属也是一类高度发展的“拟态”植物，有 400 多种，植株初为单生，以后经过不断分头，逐渐变成群生株。本属植株小巧，无茎，根上面直接长有一对肉质化的对生叶，叶形根据品种不同，有球形、扁球形、倒圆锥形、“丫”形、方形等十几种，其下部连合，浑然一体，顶部有深浅、长短不一的裂缝，颜色有暗绿、翠绿、黄绿、红、紫褐、红褐等色，有些品种叶片上还有凸起或平展的花纹、斑点或晕纹。表面或平滑或有细微的乳状突起，点线模样的色彩每种都不相同。肉锥花属肉质叶的特征分类见表 4-16。

花从叶顶的裂缝中长出，花色有白、黄、橙黄、橙红、粉红、红、紫红等，有些品种的花还具有芳香气味。花期为秋、冬两季。其花通常在天气晴朗、阳光充足的白天开放，傍晚闭合，若遇阴雨天或栽培场所光线不足则很难开花。此外还有芳香品种和夜晚开放的品种。肉锥花属植物种类多，形态奇特，花色丰富，颇受大家喜爱。肉锥花属常见栽培种有：少将（*C. bilobum*）、口笛（*C. Luiseae*）、勋章玉（*C. pellucidum* Schwantes）、灯泡（*C. burgeri* L. Bolus）、青团（*C. fulleri* L. Bolus）、小米雏（*C. hians*）、拉登（*C. ratum*）、烧卖（*C. angelicae*）、火柴头（*C. reconditum*）、绢光玉（*C. turrigerum*）、翠星（*C. subfenestratum*）、飞鸟（*C. pearsonii*）等。

表 4－16　肉锥花属肉质叶的特征分类

形态	特　　征	图片（张维扬　供）
鞍形	裂口不明显，仅在顶部中央有一很短的浅沟，成为球状、扁球状或陀螺状的植株，如清姬、雨月等	清姬  雨月 
球形	裂口较明显，宽而不深，两边凸起部分比较圆钝，如碧玉、口笛等	碧玉  口笛 
铗形	又叫剪刀形，裂口较深，两边耸起较高，而且多为圆锥形，如少将、舞子等	少将  舞子 

4.2.2 生态习性

肉锥花属植物喜凉爽干燥和阳光充足的环境，怕酷热，怕水涝，耐干旱，不耐寒冷。休眠期从 5 月下旬到 8 月下旬，其间变成灰白色并开始萎缩。生长期从突破灰白色的旧皮开始，生长期短促，生长慢。肉锥花属某些种类的外皮干枯后紧贴在新植株上，使幼株免受夏季强烈的紫外线伤害，并从潮湿的空气中吸收水分，对新株起重要的保护作用。到了秋季，新株进一步长大，干枯的老叶才会逐渐脱掉，恢复其原有的面貌，这种现象在肉锥花属灯泡、口笛、安珍、群碧玉等种类中表现得尤其明显。

4.2.3 繁殖方法

肉锥花属植物繁殖相对较困难，可用播种或分株的方法，多以分株方式繁殖为主，但生长不良的植株或老株较难分株。播种在秋季进行，由于种子细小，播后需覆盖玻璃片，浇水时应采用“洇水”的方法。苗期水分管理也用此法。出苗不久的幼株常常会东倒西歪，有的根部也裸露在土壤外面，可用土将裸在外面的根部覆盖，并将歪倒的植株扶正。

分株一般在秋季结合换盆进行，方法是将丛生的植株分开，注意每株都要带根，稍晾干 1～2 d，等伤口干燥后栽于盆中。栽后不要浇水，以防腐烂，过 3～5 d 等盆土稍干燥后再喷少许水，以后保持盆土半干，使其发根。

4.2.4 栽培养护技术

栽培肉锥花属植株的基质是用优质的泥炭土、粒径 0.5～1 mm 的粗沙、浮石或其他火山熔岩制造的基质混合。与生石花相比，肉锥花属植物对光照的要求不高，在半阴处基本能正常生长，而且生长迅速，分头率高，很容易形成大的群生植株，颇为壮观，非常适合家庭栽培观赏。每 1～2 年翻盆一次，盆土可用腐叶土加粗沙或蛭石，颗粒要粗不能过细。

(1) 水肥管理

夏季高温时植株处于休眠状态，可放在通风凉爽处养护，只有当土壤过分干燥时才浇少量的水，甚至可以完全断水，以防腐烂。到秋凉时植株开始生长，并绽放出美丽的花朵，可移到光线明亮处，并适当浇水；长势好的植株可每月施一次腐熟的稀薄液肥，开花时注意掌握时机进行人工授粉。冬季要求有充足的阳光，夜间温度若能保持在 12 ℃以上、白天温度在 20 ℃以上，可正常浇水，并酌情在天气晴朗的上午施些薄肥。若冬季温度较低，就要控制浇水，停止施肥，使其休眠。春季随着植株的生长，果实逐渐成熟，应注意采收。到了春末夏初，大多数品种的老叶逐渐变薄，两对新叶在老叶内逐步形成。秋凉后新叶进一步长大，胀破老叶而出。

休眠期旧皮完全包裹新叶，极巧妙地防止了新叶水分蒸发。如果梅雨季淋到雨或温室的湿度过高有可能引发提前脱皮。肉锥花属植物需要时常浇水，以防断水引起新球软化萎缩。

(2) 光照

根据球体和花色色彩不同，植株需要不同光强，如黄色和白色球体需要强光照，其次是褐色花、桃色花、红色花种类，最后是紫色花系。需根据各自的习性采取适当的遮光物，生长期日照不足会使植株品种的特征退化，改变其外形和颜色，也是弱化、腐烂的诱因。栽培中无论什么时候都要避免雨淋和积水，肉锥花属植物生长期要多接受阳光的照射，否则会造成植株徒长，不能开花。

(3) 病虫害防治

肉锥花属植物的病害主要是腐烂病，多因栽培环境通风不良、土壤积水所致，可通过改善栽培环境进行预防。若发生腐烂病应及时将发病的植株清除，以免病菌蔓延，感染其他健康的植株，同时向其他植株喷洒多菌灵、甲基托布津之类的灭菌药物。

肉锥花属植物的虫害主要是根粉蚧，可对盆土进行高温消毒，并在盆土中浇灌氧化乐果等农药进行预防。如果发生根粉蚧虫害，可将有虫害的根部剪除，并把植株放在杀虫药水中浸泡，以杀灭残存的虫体、虫卵，晾 3～5 d 后再用消过毒的新培养土栽种。此外，鸟类、老鼠等也会啄食或啃食肉锥花肥厚的肉质叶，在植株上留下难看的疤痕。如果伤口未干燥之前进水，还会造成植株腐烂。

4.2.5 常见种类

(1) 安珍（*C. obcordellum*）

安珍植株易群生，肉质叶顶部扁平，稍凹或微凸，表面有深色的点状、线状、树枝状纹路，有些品种还有凸起的黑色或褐色疣点和绒毛。花期为秋末冬初。其花通常在夜晚开放，白昼闭合。花色有奶油黄色、白色、淡粉色等，部分品种还具有芳香气味。主要品种有红肌安珍（图 4－8）、密纹安珍（图 4－9）、阿多福、毛饼安珍、蘑菇安珍等。安珍株形不大，奇特而富有趣味，可用小盆栽种，陈设于阳光充足的阳台、窗台等处。

图 4－8　红肌安珍
（张维扬　供）

图 4－9　密纹安珍
（张维扬　供）

① 生态习性：安珍的习性与生石花相似，喜凉爽干燥和阳光充足的环境，怕酷热和积水，主要生长期在 9 月至翌年的 4 月至 5 月。安珍可放在阳光充足之处养护，如果光照不足，会使植株徒长，抗病能力下降，而且不易开花。夏季高温时植株处于休眠状态，秋季凉爽后植株开始生长、开花，冬春季植株在其内部孕育新的植株，以后随着植株的生长，其内部的新株逐渐膨大，老叶逐渐变薄并萎缩，像一层皮包裹在新株外面。根据品种和长势不同，每个植株内部能孕育 2～4 头新株；如果长势旺盛，则分头更多；如果长势较弱，则只能一头顶一头，很难分头。

② 栽培养护技术：生长期浇水要“不干不浇，浇则浇透”，盆土不能积水，以免造成腐烂，但也不能长期干旱，否则植株生长停止，叶片变得干瘪且无光彩。冬季要求有充足的阳光，控制浇水，能耐 0 ℃甚至更低的温度。

春夏季节是安珍脱皮的季节，不要施肥，严格控制浇水，浇水时不要将水溅到植株上，以防引起腐烂。对于即将脱皮的植株，还可以用手将外皮撕开，使新株尽早接受阳光的照射，促其茁壮生长。操作时应小心谨慎，不要伤及新株，等老皮枯萎时顺势将其去掉。

夏季高温时安珍处于休眠状态，可放在通风凉爽处养护，避免烈日曝晒和雨淋，也不要浇太多的水。只有当土壤过分干燥时才可以浇少量的水，甚至可以完全断水。到秋凉植株开始生长时再恢复正常肥水管理。

每年的秋季翻盆一次，盆土要求疏松透气，具有良好的排水性。可用腐叶土或草炭土加粗沙、蛭石或赤玉土等颗粒材料栽种。新上盆的植株不要浇水，等 2～3 d 后再喷少量的水。

(2) 空蝉（*C. regale*）

空蝉呈群生状，无茎。肉质叶绿色，有细微的绒毛，扁平对生，顶端圆钝，其下部连合，顶部有较深的中缝，近似“丫”形。花粉红色，颜色有深浅的差异，花期秋末至初冬，通常在阳光充足的白天开放，夜晚和阴雨天以及环境光照不足时闭合。空蝉因植株中部有一个大的类似眼睛的透明体，故也被称为“大眼睛”（图 4－10）。空蝉外形奇特而富有趣味，可盆栽放在光照充足的阳台、窗台等处观赏。

图 4－10　空蝉（玩家沫小沫　供）

① 生态习性：空蝉喜欢温暖、干燥、阳光充足的环境。生长最适宜的温度为 17～25 ℃。不耐寒、畏酷暑、忌阴湿，具有冷凉季节生长、高温季节休眠的习性。空蝉每年秋季开始生长、开花，并在其内部孕育新的植株，冬春季节其内部新株逐渐膨大，老叶逐渐变薄并萎缩，像一层皮包裹在新株外面。每个成年植株内部一般能孕育 2 头新株，因此多年生的植株往往呈群生状。

② 繁殖方法：播种繁殖在 4 月至 5 月或 9 月至 10 月进行，温度控制在 18～24 ℃，播种后 10 d 左右发芽。因其种子细小，播后不必覆土，可在盆面覆上玻璃片或透明的塑料薄膜，以保持湿润。出苗后应及时撤去覆盖物，以免因空气湿度过大和不通风引起小苗腐烂。苗期浇水用“浸灌”的方法。

扦插繁殖在 5 月至 6 月进行。剪取饱满的肉质球叶，从顶端切开，放在阴凉处，伤口稍干后插于沙床，控制室温在 20～22 ℃，插后 14～17 d 即可生根。

3 年以上的植株可采用分株繁殖的方法。春季换盆时，将母株基部的子株掰下，分盆栽种。分株时每株应带点木质化的褐色根基，否则难以生根。

③ 栽培养护技术：9 月至翌年 4 月为空蝉生长期，可放在阳光充足处养护，要避免盆土积水和雨淋。春季既是叶片生长期，也是脱皮期，要控制浇水，防止植

株腐烂。但生长期也不能长期干旱缺水，否则植株生长停滞，“丫”形叶干瘪发皱。

空蝉在冬季要控制浇水，给予充足的阳光，能耐 0 ℃左右的低温。夏季高温时植株处于休眠或半休眠状态，植株生长缓慢或完全停滞，宜放在光线明亮、通风凉爽处养护，控制浇水，避免因闷热潮湿引起植株腐烂。

花期一定要给予充足的光照，这样花朵能够完全打开。开花后可以选择不同植株的花朵进行人工授粉。空蝉果实是“吸湿性蒴果”，种荚遇水后才会打开。

空蝉每两年换盆一次，在初夏或秋季进行。盆土要求疏松透气，具有良好的排水性和较粗的颗粒度。换盆时可对根系进行修剪，剪去没有吸收能力的老根，以促发新的根系，有利于植株生长。换盆栽种时宜浅不宜深，换盆后在表层铺上一层蛭石或珍珠岩，以增强土壤的排水性。

(3) 灯泡（*C. burgeri* L. Bolus）

灯泡植株无茎，一般为单生，偶尔也有双头，具半球形的肉质叶，单头直径 2.5～5 cm。灯泡表皮明绿色，半透明状，在光照充足的环境中，表皮呈红色。花大型，淡紫红色，中心部位呈白色，春季或秋季开放。植株光滑圆润，晶莹剔透，就像节日里闪烁的彩色灯泡，因株型很像日本的富士山，又有“富士山”的别名（图 4-11）。比较受欢迎的品种有“红灯泡”，其表皮一年四季都呈紫红色，非常漂亮，但比普通的绿灯泡难养。另有“双灯”品种（图 4-12），其肉质叶顶端像被刀稍微向下切了一下，呈双头状。

图 4-11 灯泡（曹玉茹 供）

图 4-12 双灯（曹玉茹 供）

① 生态习性：灯泡喜凉爽、干燥和阳光充足的环境，适宜在昼夜温差较大的条件下生长，不耐阴，耐干旱、怕积水，不耐寒、怕酷热。

② 栽培养护技术：9 月至翌年 5 月为植株的生长期，可放在阳光充足处养护，避免水大，否则植株表皮易裂，看上去破败不堪，严重影响观赏，如果长期

积水，还会造成植株腐烂。由于灯泡生长速度不快，对养分的要求不高，栽培中不必施肥。冬季置于室内阳光充足处，不低于 5 ℃即可安全越冬。夏季是灯泡的休眠期，要求有良好的通风环境，并避免烈日暴晒，控制浇水，使那层“牛皮纸”样的老皮中的水分蒸发、变薄，紧贴在植株上。栽培中要避免雨淋，尤其是长期雨淋。

灯泡的换盆在秋季进行，要求盆土疏松透气，排水性良好，含有适量的石灰质。盆土可用体积比为 2∶3 的腐叶土、草炭、泥炭之类的营养土与赤玉土、粗沙等颗粒材料混合配制，并掺入少量的骨粉等石灰质材料；为了美观和防止植株腐烂，还可在盆土表面铺上一层石子或陶粒。

(4) 清姬（*C. minimum*）

清姬植株表面纹路清晰，椭圆形，老株常密集成丛。叶浅绿色，顶端纹路绿色（图 4－13）。光照充足的时候纹路会变成红色至紫红色。花在中缝开出，淡米白色，直径约 1 cm，花期在 9 月至 11 月。

图 4－13 清姬

（张维扬 供）

(5) 少将（*C. bilobum*）

少将老株常密集成丛，扁心形的对生叶长 3～4.5 cm、宽 2～2.5 cm，顶部有鞍形中缝，中缝深 0.7～0.9 cm，两叶先端钝圆，叶浅绿至灰绿色，顶端红色（图 4－14）。表皮摸上去有细小的颗粒感。花多在秋季开放，黄色为主（不同品种也有其他颜色），昼开型，直径可达 3 cm。

图 4－14 少将

（曹玉茹 供）

(6) 风铃玉（*C. friedrichiae*）

风铃玉别称弗氏肉锥花，植株单生或群生。对生的肉质叶近似圆柱体，高 2～3 cm，其中下部表皮呈红褐色，引人注目。叶片顶端圆凸，表皮极薄，较为光滑，几乎接近透明状，俗称“窗”（图 4－15）。叶片顶端有一浅缝隙，9 月至 11 月开白花，直径约2 cm。品种比较多，观赏价值高的品种整体透红，外形饱满。风铃玉习性和生石花一样，也属于冬型种。但是风铃玉的生长速度比生石花要慢，养护中需水量高于生石花，对光照的要求较弱。

图 4－15　风铃玉

（7）翡翠玉（*C. calculus*）

翡翠玉植株肉质，成株为肉锥花属里的中大型，不容易群生。因植株能够长到如鸽子蛋大小，所以也叫鸽子蛋。肉质叶基部合生呈圆球或近似圆形，叶片顶端微缺刻，如婴儿小嘴巴，缺刻常年不红（图 4－16）。植株叶表皮厚，表面光滑，翠绿，成株颜色灰白。花从缺刻中开出，橘黄色，花瓣微曲，直径约 1 cm。翡翠玉夏季轻微休眠，其他季节生长。翡翠玉是非常容易晒伤的品种。脱皮期应多照阳光，少水，同时注意不要晒伤。

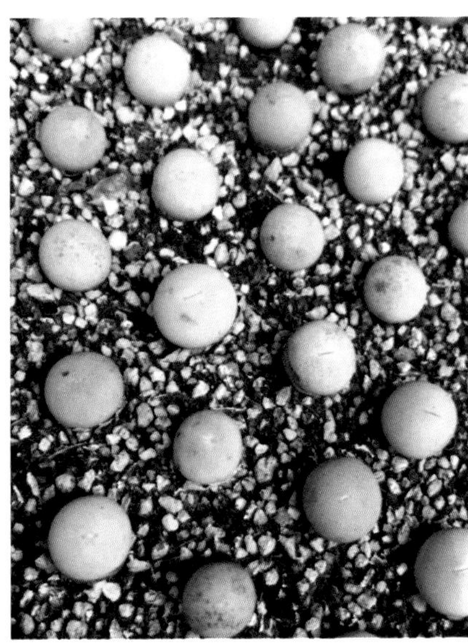

图 4－16　翡翠玉（张维扬　供）

(8) 口笛（*C. luiseae*）

口笛植株容易群生。肉质叶呈元宝状，叶表面有很多短小的肉质刺，叶片顶端有轻微的棱，阳光充足的时候棱会发红（图 4－17）。花为米黄色，秋季开花。口笛夏季休眠，其他季节生长。口笛脱皮期比较长，脱皮期间应多晒，少水，以加快脱皮。

图 4－17　口笛

(9) 小红嘴（*C. vanzylii*）

小红嘴又名口红，变态叶肉质肥厚，两片对生连合成为倒圆锥体，中央部位有一形似嘴巴的凹，其边缘略有凸起（在阳光充足和昼夜温差较大的环境中，该部位呈红色或带有红晕，看上去就像一个美丽的小红嘴）；花两性，整齐，单生，花被 1 轮（图 4－18）。品种较多，各具特色，花有黄、白、粉等色，单朵花可开 3～7 d，开花时花朵几乎盖住整个植株，非常美丽。

(10) 蝴蝶勋章（*C. pellucidum* subsp. *pellucidum* var. *terricolor*）

蝴蝶勋章别称十字勋章、勋章。植株矮平，容易群生。植株表面有凸起的半透明疣，多个疣凸组合成蝴蝶状的窗，窗纹路清晰，整个植株的形态看起来像一只展翅的蝴蝶，因此得名蝴蝶勋章（图 4－19）。花为白色，异花授粉，昼开型。花期在秋季。夏季休眠，其他季节生长。

图 4-18 小红嘴

图 4-19 蝴蝶勋章

（曹玉茹 供）

(11) 毛汉尼（*C. maughanii*）

毛汉尼（又叫马哈尼）是比较大型的肉锥，叶片上下几乎一般粗，呈水桶状，肉厚柔嫩，色彩艳丽。花为白色。毛汉尼有绿色（图 4-20）和红色（图 4-21）两个品种。红色品种顶面透明，在阳光充足和温差大的情况下，颜色越来越红，有嫣红色、紫红色、暗红色、咖色和褐色。

图 4-20 绿色毛汉尼

（张维扬 供）

图 4-21 红色毛汉尼

（张维扬 供）

(12) 肉锥花属其他常见植物（见表4-17）

表4-17 肉锥花属常见栽培种类图谱（引自浴花谷花卉网）

名称（拉丁名/中文）	图片（张维扬 供）
C. ectypum 铜壶	
C. angelicae 烧卖	
C. danielii Platbakkies 丹尼尔 小猪蹄肉锥	

（续表）

名称（拉丁名/中文）	图片（张维扬　供）
C. pillansii 翠光玉	
C. subfenestratum 翠星	
C. obcordellum 安珍	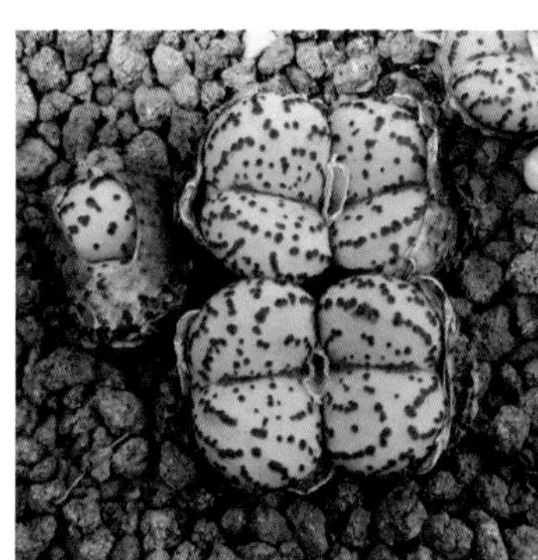

（续表）

名称（拉丁名/中文）	图片（张维扬　供）
C. obscurum 滴翠玉	
C. fraterum 二乔	
C. pearsonii 凤雏玉	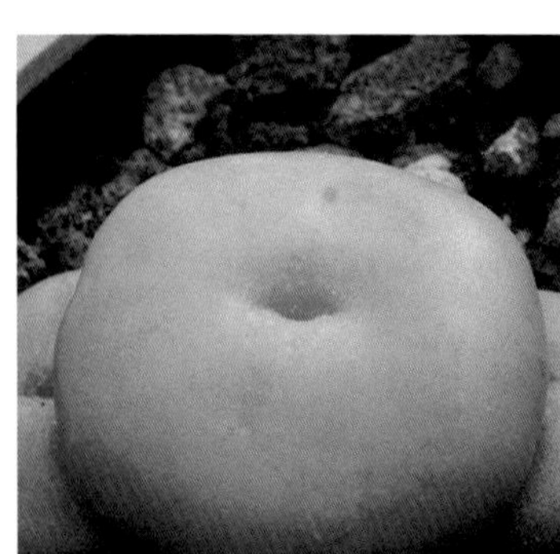

（续表）

名称（拉丁名/中文）	图片（张维扬 供）
C. frutescens 寂光	
C. minimum wittebergense 墨小锥	
C. chrisocruxum 纽扣	

（续表）

名称（拉丁名/中文）	图片（张维扬　供）
C. obcordellum 玉彦（白眉玉）	
C. marginatum 斑马	

4.3　日中花属（*Mesembryanthemum*）

广义的日中花属包括露草属（*Aptenia*）、冰花属（*Cryophytum*）、舌叶花属（*Glottiphyllum*）、剑叶花属（*Carpobrotus*）和松叶菊属（*Lampranthus*），约有1 000种，并不断有新种增加。狭义的日中花属又叫龙须海棠属。日中花属植物是一年生或多年生草本，植株匍匐或直立，有时成半灌木状。叶片通常对生，稀互生，厚肉质，三棱柱形或扁平，全缘或稍有刺。两性花，白色、红色或黄色（图4－22），多单生茎端或叶腋，有时成二歧聚伞花序或蝎尾状聚伞花序；花萼多5裂，裂片常叶状，不整齐；花瓣极多，线形，1轮或数轮，基部连合；雄蕊多数，亦成多轮，基部连合；子房下位，4 或 5 室，顶端扁平，胚珠极多，侧膜胎座。蒴果顶端裂成星状，仅在湿润空气中开裂；种子细小。我国常见广义日中花属栽培植物有 5 种（见表 4－18），检索表见表 4－19。

图 4－22 日中花属植物的花

表 4－18 5 种日中花属植物

序号	名称	拉丁名	特征	图片（叶建华、黄健 供）
1	美丽日中花	*M. spectabile*	茎丛生，基部木质，多分枝。叶对生，叶片肉质，三棱线形，具凸尖头，基部抱茎，粉绿色，有多数小点。花单生枝端，紫红色至白色，线形。蒴果肉质。花期在春季或夏秋	

（续表）

序号	名称	拉丁名	特　　征	图片（叶建华、黄健　供）
2	冰叶日中花	*M. crystallinum*	茎匍匐。叶互生，扁平，肉质，卵形或长匙形，紧抱茎，边缘波状有发亮颗粒。花单个腋生，白色或浅玫瑰红色。果实为蒴果	
3	心叶日中花	*M. cordifolium*	茎斜卧，铺散，有分枝，稍带肉质，无毛，具小颗粒状凸起。叶对生，叶片心状卵形，扁平，顶端急尖或圆钝具凸尖头，基部圆形，全缘。花单个顶生或腋生，红紫色，匙形。蒴果肉质。花期7月至8月	
4	食用日中花	*M. edule*	茎有角棱。叶对生，叶片三棱形，弯曲，脊缘有齿。花单生，黄色或紫色。果实大，肉质，可食	
5	弯叶日中花	*M. uncatum*	茎肉质，叉状分枝。叶片舌状或三角状线形，肥厚多肉，鲜绿色，交互对生，紧密排成2列，顶端具钝弯钩，基部合生。花顶生，具细长梗，橙黄色，花期5月至6月	

表 4-19 5种日中花属植物检索表

1. 叶片心状卵形或长匙形。

2. 叶对生，叶片心状卵形，全缘，长 1～2 cm，宽约 1 cm；花较小，直径约 1 cm，红紫色，花梗长 1.2 cm，子房 4 室，花柱无，柱头 4 裂。…………………………………… 心叶日中花

2. 叶互生，叶片卵形或长匙形，边缘波状，长 15 cm，宽 7.5 cm；花较大，直径约 2.5 cm，浅玫瑰红色或带白色，几无梗，子房 5 室，花柱 5，柱头 5 裂。 …………………… 冰叶日中花

1. 叶片舌状或三棱线形。

3. 叶片较宽，15 mm；花较小，直径约 2 cm，橙黄色。………………………… 弯叶日中花

3. 叶片较狭，宽 3～12 mm；花较大，直径 4～10 cm，黄色或紫红色。

4. 植株高 90 cm 以上；叶片长 7～10 cm，宽 1.2 mm；柱头 10～16 裂，羽毛状。… 食用日中花

4. 植株高 30 cm；叶片长 3～6 cm，宽 3～4 mm；柱头 5 裂，线形。……… 美丽日中花

4.3.1 美丽日中花（*M. spectabile*）

美丽日中花又叫彩虹菊、松叶菊、龙须海棠、牡丹吊兰，以观花为主，花大、色泽艳丽、繁茂，盆栽或吊盆欣赏，也可用于室外花坛、花槽或坡地布置。在高速公路两侧、机场、车站等开阔地带绿化应用，景观效果极佳。

图 4-23 美丽日中花（徐晔春 供）

（1）生态习性

美丽日中花喜温暖干燥和阳光充足的环境，不耐寒，怕水涝，耐干旱，不耐

高温暴晒。土壤以肥沃、疏松和排水良好的砂质壤土为宜。生长适宜温度为15～20 ℃，冬季养护温度不低于 10 ℃。常置放于室内、阳台、走廊，是一种理想的盆栽多肉观花植物。

(2) 繁殖方法

① 播种繁殖：在春季进行，采用室内盆播，发芽适宜温度为 18～21 ℃，播种后 10 d 左右发芽。

② 扦插繁殖：春、秋季均可进行。选取充实的顶端枝条，剪成 6～10 cm 的小段，带叶插入沙床，基质不宜过湿。室温保持在 15～20 ℃，扦插后 14～21 d 生根，再隔一周即可移栽。

(3) 栽培养护技术

我国南方地区可地栽，北方地区应盆栽室内过冬。盆栽上盆时要选用腐叶土、园土、粗沙混合的培养土，要求疏松、透水性好，并适当加入一些腐熟的有机饼肥作基肥。春秋季为植株生长旺盛期，要充分接受阳光照射；夏季炎热时植株会进入半休眠状态，生长速度较为缓慢，需进行遮阴或放树下阴凉处，在半阴环境下培植；冬季植株则要入室内，放在阳光充足的地方，若气温过低，叶片易变黄下垂，甚至植株枯萎死亡。

春秋季生长旺盛期要充分浇水，保持盆土湿润。但幼苗在春秋季应控制浇水，盛夏季节也需控制，盆土以稍干燥为宜。冬季减少浇水，保持叶片没有褶皱即可。生长旺盛期每月施 1～2 次稀薄的饼液肥，并加入少许尿素或复合肥。但需注意栽培中肥水不宜过大，特别是氮肥的施用量不能过多，否则会造成枝叶生长繁茂，开花稀少。

美丽日中花从幼苗开始就要注意整形修剪。幼苗期随生长进行摘心，促使多发分枝，早日成形。成株时可结合春季换盆换土进行修剪，剪去老枝的 1/3～1/2，促进多萌发新枝，增加开花量。因老株开花不良，应不断更新培育植株。

发生叶斑病和锈病危害时，用 65%代森锰锌可湿性粉剂 600 倍液喷洒。粉虱和介壳虫危害时，可用 40%氧化乐果乳油1 500倍稀释液喷杀。

4.3.2 冰叶日中花（*M. crystallinum*）

冰叶日中花又称水晶冰菜、冰菜、冰草、冰柱子、冰花。叶形奇特，茎叶及蒴果（图 4－24，图 4－25，图 4－26）表面上还有一粒粒的泡状小隆起，形似水晶，十分美丽。冰叶日中花富含天然植物盐、多种氨基酸及钠、钾、胡萝卜素等营养物质，可作为新型保健蔬菜。

图4－24　冰叶日中花（黄健　供）

图4－25　冰叶日中花的叶片

图4－26　冰叶日中花（黄健　供）

(1) 生态习性

冰叶日中花原产于南非纳米比亚沙漠等干旱地区，耐旱及盐碱，是一类耐盐碱植物，可在海岸处生长。冰叶日中花喜光，可以在－5～30 ℃条件下生存，生长最适宜温度为 5～25 ℃。

(2) 繁殖方法

播种时可以是种子直播，也可采用穴盘育苗。冰叶日中花种子极其细小，每 667 m^2用种量约 5 g。露地直播宜在低温稳定在 15 ℃以上时进行，播种前一天在畦上浇足水，按照 15 cm×15 cm 的植株行距挖穴播种，每穴 4～5 粒种子，覆土 1 cm。穴盘育苗温度以 20 ℃左右为宜，用常规育苗基质，选择 128 孔穴盘，每孔点播 2 粒种子，最后覆盖基质 1 cm，浇水保湿。一般播种后 8 d 左右可出苗。出苗期应以弱光为宜，后期可给予充足光照，温度应控制在 15～25 ℃，浇水应见干即浇，浇则浇透。待花长到第 4～5 片叶子（播种后 20～40 d）的时候定植。

(3) 栽培养护技术

栽培基质选用砂质壤土和泥炭土混合，确保其有良好的透气、透水性能。定苗后需注意控水，一般定植后 10 d 内不用浇水，后期应在叶片略显萎缩时才补充水分，以浇透为宜。适度地控制水分，有利于冰叶日中花茎叶部位结晶体的形成，提高商品性。若栽培期间水分过大，则形成的晶体颗粒较少，自身咸味淡，口感差。栽培生长期一般不需要补充肥料，仅仅依靠底肥就能满足生长需要。冰叶日中花生长温度为 15～30 ℃，在夏季栽植时对高温敏感，应搭遮阳网，及时通风降温除湿。冰叶日中花病害较少，病害主要是苗期猝倒病，可用百菌清或代森锰锌预防。虫害有蛴螬、蜗牛、蚜虫、白飞虱和金龟子等，虫害以物理防治清除为主，通过搭建防虫网，悬挂黄、蓝粘虫板，设黑光灯诱杀进行防治。蜗牛发生高峰期，可在大棚周围撒施生石灰阻止蜗牛进入大棚。栽培设施需注意勤通风除湿，以减少真菌性和细菌性病害的发生。

4.3.3 心叶日中花（*M. cordifolium*）

心叶日中花又叫露草、花蔓草、心叶冰花、露花、太阳玫瑰、羊角吊兰、樱花吊兰等。其枝蔓柔软，叶片肥厚，叶色翠绿。花开在枝条顶端，花色玫红，形似菊花（图 4－27）；花期从春至秋。心叶日中花既能赏花又可观叶，嫩枝及叶亦可作为蔬菜食用。

(1) 生态习性

心叶日中花耐干旱和半阴，喜温暖、干燥、柔和而充足的光照，忌强光直射及高温多湿，不能长时间淋雨。喜疏松排水良好的砂质壤土。4 月至 9 月为其生长旺季，生长温度为 15～25 ℃，5 ℃以下受冻。

(2) 繁殖方法

心叶日中花可以用扦插、分株、播种、组织培养等方法进行繁殖。一般以扦插繁殖为主。

图 4－27 心叶日中花

① 扦插繁殖：扦插时间以夏、秋季为佳，一般选择在雨季或阴天进行，扦插成活率比较高。插穗选择健壮无病虫害的植株，剪取充实的中上部茎段，剪成 12 cm 左右的小段，上剪口的位置在芽上方 1 cm 左右，下剪口在基部芽下方 1～3 mm 处。插穗剪下后应晾 1 d，等切口干燥后蘸取生根粉，插在准备好的基质上。

扦插基质用园土、腐叶土、珍珠岩按 6∶3∶1 的体积比例混合。将插穗斜插于苗床中，插入深度为全长的 1/2～2/3，扦插密度为株行距 3 cm×4 cm。扦插后压实并浇透水，保持表层土壤潮湿，温度白天为 15～28 ℃，夜间为 6～20 ℃，相对湿度 75%～95%。一般 3 周后伤口愈合并逐渐生根。

② 播种繁殖：播种选用种粒饱满、色泽新鲜、品种纯正且无病虫害的种子，用52 ℃温水浸泡 20 min，并不断搅拌。再用清水浸泡 4～5 h，水量至少是种子的 5 倍。然后将种子用湿布包好，置于 28～30 ℃的条件下进行催芽，或是将浸好的种子拌上 2～3 倍的细沙，装在瓦盆中盖上湿布催芽。用细沙催芽时，每天要上下翻动一次，沙子不干就不用投洗，温度保持在 25 ℃，2～3 d 内能顺利出芽。

播种前基质用浸水法浇足底水，播种后盖 1 mm 厚营养土，用报纸或玻璃覆盖盆口，防止水分蒸发和阳光照射。出苗前每天夜间除去覆盖物，通风透气，始终保持盆土表面呈湿润状态。

出苗后立即揭去覆盖物，将苗移到通风处，逐步见光，每天根据盆土情况用细眼喷壶喷水。白天温度保持在 20～25 ℃，夜间保持在 10～12 ℃即可。播种后 25 d 左右，幼苗展开 1～2 片真叶时进行分苗。若中午阳光太强，要适当遮阴。移栽的幼苗长出新叶时就标志着已缓苗，移栽成活的苗要控水蹲苗，浇水后注意通风松土。

③ 植物组织培养繁殖：灭菌的种子在 MS 培养基上萌发后，取顶芽接种到顶芽诱导与增殖培养基 MS＋6－BA 2 mg/L＋IAA 0.2 mg/L 中培养，1 周后，基部会产生丛生芽。将丛生芽分割成单个芽，接种到愈伤组织诱导及不定芽分化培养基 MS＋6－BA 0.2 mg/L＋IAA 0.1 mg/L 中培养，10 d 后，长出绿色致密、表面微突起的愈伤组织。将愈伤组织切下继续转接在 MS＋6－BA 0.2 mg/L＋IAA 0.1 mg/L 中培养。或将丛生芽转接到培养基 MS＋NAA 0.1 mg/L 中进行生根培养，4 周后，可将生根苗在阳光下练苗 2 d，取出练好的苗后洗净根部培养基，移栽到体积比为 2∶1 的珍珠岩和泥炭混合的基质中，保持 90％的空气相对湿度，即可移栽成活。

(3) 栽培养护技术

① 日照：植株喜柔光充足的环境，如果放置地点光线不足，叶片就容易变成淡绿色或黄绿色，缺乏生气，失去应有的观赏价值，甚至干枯而死。如果放置地点阳光直射，光线过强，空气干燥，容易引起枯焦。

② 水肥：栽培中应避免水肥过大，特别是氮肥量不宜过多，以免枝叶生长旺盛，开花少。1 个月左右施一次复合肥，以提供充足的养分，使植株生长健旺。3 月至 9 月生长旺期需水量较大，要经常浇水及喷雾，以增加湿度；尤其是夏季要 1～2 d 浇水一次，并做到“不干不浇，浇则浇透”。进入 10 月以后，应减少浇水，以提高植株抗寒能力。12 月至翌年 1 月植株萎蔫后浇一次透水，有利于花芽形成，春天早开花。

③ 换盆修剪：每年春季换盆一次，换盆时把过长根剪短，腐烂根剪除；把病虫蔓、细弱蔓剪除；茎蔓留 2～3 节，摘去枯叶，以恢复植株长势，保持完美株型。播种繁殖的幼苗或扦插的幼苗，或春天刚换过土的植株，在新蔓长到 6～8 cm 时进行摘心，可促进株型紧凑美观，开花整齐。进入冬季，叶片停止生长，处于休眠期，必须及时剪枝，通过疏剪、短截、除蘖延长植株寿命。

④ 病虫害防治：心叶日中花不易发生病虫害，但如果盆土积水且通风不良时，会发生根腐病，可用多菌灵 800 倍液进行防治。介壳虫发生时，先换盆换土，并用 40％速扑杀（杀扑磷）乳油1 500倍液喷施，1 个月后再喷施一次。

4.4 对叶花属（*Pleiospilos*）

对叶花属又叫凤鸾玉属、凤卵草属、凤卵属。原产于南非的干旱地区，喜欢阳光充足和温暖的环境，不耐寒，一般冬季温度不得低于 12 ℃。国内市场常见栽培种有帝玉（*P. nelii*）、青鸾（*P. simulans*）、凤卵（*P. compatus*）等。部分种类短时间可耐－8 ℃低温，如对叶花（*P. bolusii*）、连蝶玉（*P. optatus*）等。对叶花属常见栽培的植物见表 4－20。

表 4－20 对叶花属常见栽培的植物

序号	名称	拉丁名	特 征	图 片
1	帝玉	*P. nelii*	肉质的卵形叶交互对生，基部连合，整个株形像元宝。叶外缘钝圆，表面较平，背面凸起，灰绿色，有许多透明的小斑点。花单生，雏菊状，橙粉色，花径约 4 cm	
2	青鸾	*P. simulans*	叶对生，肉质，长 6～8 cm、宽 5～7 cm、厚 1～1.5 cm。基部稍连合，卵圆状三角形，先端尖。叶表面平展，背面凸起，有明显的透明小点。花褐绿色	
3	凤卵	*P. compatus*	植株无茎。通常每株仅有一对肉质叶，交互对生，叶卵形，基部连合，顶端三角形，棱线硬而直。叶片长 4～7 cm，宽 3～4 cm，灰绿色，表面有数个深色斑点。花朵具短梗，直径约 7 cm，黄色，花期冬季至早春	

4.4.1 帝玉（*P. nelii*）

帝玉的整个株形像元宝。新叶长出后老叶慢慢皱缩，但有时一对老叶中生出两对小叶形成三对叶共存的现象（图 4－28）。帝玉的花呈雏菊状，橙粉色（图 4－29）。

图 4－28 帝玉的三叶共存

（迟建才　供）

图 4－29 帝玉的花

（张维扬　供）

(1) 生态习性

帝玉喜温暖干燥和阳光充足的环境，耐干旱，忌阴湿。生长适宜温度为 18～24 ℃。帝玉的花通常在阳光充足的午后开放，傍晚闭合，如此持续一周左右。但若遇阴雨天或栽培场所光线不足，则不能开放。

(2) 繁殖方法

帝玉既能播种繁殖，也能扦插繁殖。扦插繁殖成苗快、开花早，但成株分蘖慢而少，繁殖数量少。播种繁殖生长周期长，但繁殖数量大。

① 扦插繁殖：养护 3 年以上的大株帝玉，根部会分蘖小苗，将小苗带上一段硬根切下，晾干切口，就可以扦插了。扦插基质用细沙或珍珠岩均可，在 15～25 ℃时 7～15 d 便会发根。发根期间不用遮光，保持基质湿润，扣罩效果更好。

② 播种繁殖：帝玉种子在番杏科植物中属大粒种子，表皮粗糙，吸水较容易。帝玉种子深棕色，直径为 0.5～1 mm，播种操作较方便。播种前确保新种子过了后熟期，否则发芽困难。播种前要对种子进行消毒处理，常用的方法是用高锰酸钾溶液浸种 15 min 或用 75％的医用酒精浸种 3 min。

播种基质经高温或高锰酸钾消毒杀菌后，保持基质含水量在 30％左右时播种。让种子尽快地吸足水分，可以保证后期发芽顺利。播种后 1 周，温度控制在 15～30 ℃；1 周以后，温度控制在 15～25 ℃。一般采用大环境通风、小环境打开玻璃罩透气等办法调控温度。一般种子 7～15 d 都能发芽，个别种子 45 d 左右发芽。发芽期间光照的调控很重要。发芽前要遮光，发芽后子叶需要陆续见光，逐渐加强光照。即使子叶被晒成水红色，只要略做遮蔽，几天后仍会恢复绿色。

帝玉的幼苗期（种子发芽到真叶出现的时间，图 4－30）约 45 d，小苗期（第一次真叶出现到第二次真叶出现的苗期）也约 45 d。小苗期后就可以分苗了。分苗时，尽量不伤根。移植时避开干热环境和强光照射。栽后尽快坐盆吸水，放到同种子发芽相近的环境中。小苗的养护总体上同发芽期和幼苗的管理一致，只是基质的含水量要低。分苗半个月以后，选择晴天的早上或下午日落前喷施一次稀薄的液肥（0.3％的磷酸二氢钾）和杀菌剂（0.3％的甲基托布津）。

图 4－30 帝玉的幼苗（张维扬 供）

（3）栽培养护技术

帝玉的成苗比生石花略大，栽培难度较大，从帝玉第二次出现真叶起，就算进入了成苗期，成苗期长达 3～4 年，一直到开花。在第二次出现真叶以后，需要再次分苗。培养基质是营养土、河沙、煤灰、珍珠岩或蛭石，按体积比 6∶1∶2∶1 混合，也可以加入腐熟的有机肥料。成苗移栽的季节选择春季或秋季，9 月中旬初秋栽植最好。

在夏季休眠时，温度是帝玉栽培的关键性环境因子，其次是光照，最后是基质的含水量和空气湿度。帝玉在开花以后，又经过了夏季休眠，变得十分虚弱，因此秋、冬和春季都要保证阳光充足。

（4）病虫害防治

帝玉的腐烂病，多发于休眠期和开花后将要恢复生长时，当盆土较湿、盆土通透性差、气温太高或太低时易发生。除日常管理外，可用广谱性杀菌剂喷洒或浇灌来预防。

在室内养护时，红蜘蛛虫害随时都会发生，一般在气温高、通风不畅、环境不洁时高发。选用药效长、内吸型的药剂进行喷灌。蚜虫在花蕾出现时易发，可以加强通风或用杀虫药除去。在播种时，基质处理不好极易出现线虫。线虫会把种子吃成空壳，也会把小苗吃成空皮。播种前先用高温杀死基质中的虫卵，栽培时如发现线虫，可用土壤杀虫剂处理。帝玉的其他虫害，大多是由其他花卉带来的。比如在君子兰上宿存的害虫，亦能在帝玉上宿存，数量多时会对帝玉产生危害，因此不要把有病虫害的其他花卉摆放在帝玉附近。

4.4.2 青鸾（*P. simulans*）

青鸾又名凤翼、亲鸾。青鸾和帝玉一样，形似元宝，但株形较开展（图 4－31）。新叶长出后下部老叶逐渐皱缩枯干，因此植株始终保持着 1～3 对对生叶。花具短梗，黄色或橙黄色（图 4－32），有香味，异花授粉。青鸾容易群生。

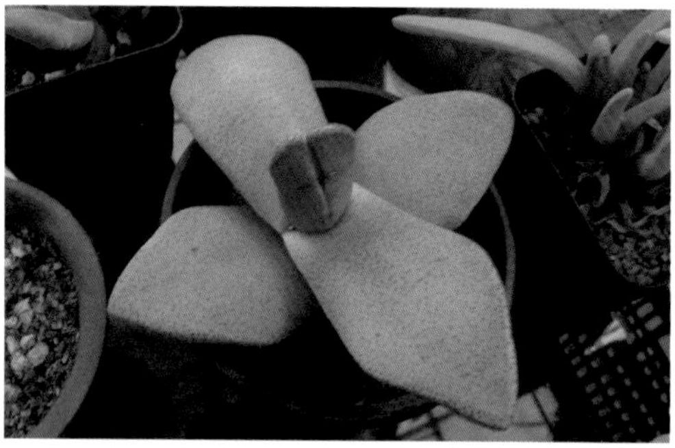

图 4－31　青鸾（周洪义　供）

图 4－32　青鸾开花株（引自《多肉植物图鉴》）

青鸾习性强健，生长快，夏季休眠期比帝玉短，管理简单。栽培土壤要透水透气，可用煤渣混合少量泥炭。青鸾不耐晒，夏季一定要遮阴，并放在通风的散射光处。春天是脱皮期，可以暴晒，脱皮期比生石花长，脱皮期要多晒和少水，4 月至 5 月底基本会脱完。平时干透就可以给水，发现对叶有点萎靡就马上补水，植株饱满就不需要补水。冬天需避免因温度太低而冻伤，盆土干燥的状态下植株可耐－3 ℃低温，如维持 7 ℃以上则能持续生长。青鸾播种苗 3 年后才会 1 脱 2 头。

4.4.3 凤卵（*P. compatus*）

凤卵植株高 5～7.5 cm，3～4 对卵形肉质叶交互对生。花直径约 7 cm，黄色（图 4－33），花期在冬季至早春，一般在阳光充足的午后开放，傍晚闭合，如此昼开夜闭可持续开放 7 d 左右。

图 4－33 凤卵开花株（引自《多肉植物图鉴》）

（1）繁殖方法

凤卵以分株法繁殖为主，分株繁殖在每年 3 月至 4 月进行。分株时将从母株上分离出来的健壮分蘖，阴干 2～3 d 再行栽种，可以减轻烂根现象。亦可采用播种法进行育苗。

（2）栽培养护技术

栽培基质用腐叶土、粗沙、园土按体积比 0.5∶2∶1.5 配制而成。凤卵喜偏干的土壤环境，浇水要“见干见湿”。在植株休眠时则应控制浇水。凤卵不喜大肥，除定植时在花盆底部施用基肥外，生长旺盛阶段还应每隔 2～3 周追施一次稀薄液体肥料。但为了加快风卵的移栽苗缓苗，移栽后在短期内最好不要追肥。

风卵喜温暖，怕低温，在16～28 ℃的温度范围内生长良好。通常昼温较高、夜温较低的温差有利于植株生长，越冬温度不宜低于4 ℃，最好保持在12 ℃以上。风卵喜充足的光照，但是夏秋高温时节应该为其适当遮阴，以免植株受到伤害；冬春低温时节，则应该使其接受充足的日光照射。如在室内进行栽种，则可使其接受12～16 h强烈的灯光照射。

在良好的管理条件下，风卵不易患病，亦较少受到动物的侵袭。由于风卵生长缓慢，无须每年翻盆，但对于成株来说，其原盆连续栽种的时间不宜超过2年。

4.5　藻玲玉属（*Gibbaeum*）

藻玲玉属又叫驼峰花属、宝锭草属，全属约23种，产于南非。植株由1对肉质叶连合成卵圆形或近球形，将植株分成相等或不相等的两半，花黄色。常见种有藻玲玉（*G. heathii*）、白魔（*G. album*）、青珠子玉（*G. geminum*）、春琴玉（*G. petrense*）、翠滴玉（*G. pilosulum*）、银琥（*G. shandii*）、驼峰玉（*G. gibbosum*，图4－34）、银鲨（*G. pubescens*，图4－35）、弯钩（*G. velutinum*，图4－36）、棱角驼峰花（*G. angulipes*）等。

图4－34　驼峰玉（张维扬　供）

图4－35　银鲨（引自《多肉植物图鉴》）

图 4－36 弯钩（薛自超 供）

藻玲玉属生长环境需要保持干燥，夏季休眠期要控水，遮阴 60%，保持良好通风。生长期需要全日照养护，使植株控形，颜色更艳丽。基质可以采用体积比为 1∶1 的泥炭（或椰糠）与颗粒土（如赤玉土等）的混合物。冬季可以耐 5 ℃低温，部分种类可以耐－2 ℃低温。

繁殖主要采用种子繁殖，也可以从老枝上剪下枝条进行扦插繁殖。

4.5.1 藻玲玉（*G. heathii*）

藻玲玉植株低矮，易丛生。幼苗外形像小兔子（图 4－37），略大的时候则呈心形，鞍形缺刻把植株分成不相等的两半联合体。叶面光滑，淡绿色，顶端呈三角形，叶片背面呈圆弧状，里面略弯曲。花浅粉色，有梗无苞片（图 4－38）。

图 4－37 藻玲玉幼株（张维扬 供）

藻玲玉夏季休眠，其他季节生长。脱皮期比较长，延续到整个生长季节。脱皮期多见阳光、少水，同时也要注意不要晒伤。夏季要遮阴，放在通风的散射光处。秋天应循序渐进地恢复给水。冬天需避免温度太低而冻伤，盆土干燥的状态下耐－3 ℃低温。

图 4－38　藻玲玉开花株（张维扬　供）

4.5.2　白魔（*G. album*）

白魔叶呈椭圆形，顶部呈驼峰状，鞍形缺刻把植株分成不相等的两半联合体，顶端呈三角形，叶子背面呈圆弧状，向内弯曲成下巴状（图 4－39）。叶表皮绿白色，密被短纤毛。白魔生长缓慢，易分头。春天脱皮，不能浇水；夏天休眠，保持阴凉通风，少水；秋天 9 月份慢慢恢复生长，要恢复正常给水；冬天休眠。

图 4－39　白魔（张维扬　供）

4.5.3 无比玉（*G. cryptopodium*）

无比玉的叶子肥厚圆润，花期与脱皮同时进行（图 4-40）。

夏季温度高于 30 ℃以后进入休眠期，需要遮阴 60%，约 30 d 少量浇水一次。入秋后温度低于 30 ℃以后开始进入生长期，整个生长期横跨秋、冬、春三季。植株在生长期要求全日照，浇水应在土壤干透后的晴天进行。进入冬季植株开始脱皮、分头，同时也是花期，浇水量比生长期减少一半，直至脱皮结束后再恢复正常管理。

图 4-40 无比玉（左图幼株，右图开花株，张维扬 供）

4.5.4 青珠子玉（*G. geminum*）

青珠子玉新萌出的叶子为灰色，表面多毛，酷似鲨鱼。花淡紫红色（图 4-41）。春天和秋天是它的生长期，要干透浇透；夏天和冬天休眠，夏季休眠时需要遮阴通风。繁殖时可以剪下侧枝扦插。青珠子玉习性强健，是比较好养的一个种。

图 4-41 青珠子玉（左图幼株，右图开花株，引自乐趣园艺）

4.5.5 春琴玉（*G. petrense*）

春琴玉为多年生肉质草本，丛生。对生叶表皮光滑，基部合生成肉质鞘，两缘和叶背的龙骨较硬，线条明显，呈现三角形。叶浅绿色至深绿色。花粉红色（图 4－42），直径 2～3 cm。夏季要遮阴，脱皮期间可以适当补水，生长期干透浇水，不浸盆。

图 4－42　春琴玉（张维扬　供）

4.5.6 翠滴玉（*G. pilosulum*）

翠滴玉植株肉质，容易丛生。肉质叶基部合生成圆球形或近卵形，肉质叶两边对称或者不对称（图 4－43）。叶片有顶端鞍形缺刻。翠滴玉植株比藻玲玉小，颜色比藻玲玉黄，表皮比藻玲玉薄。翠滴玉不耐晒，夏季要遮阴。常见栽培还有红翠滴玉（*G. pilosulum* 'Hondewater'，图 4－44）。

图 4－43　翠滴玉（张维扬　供）

图4-44 红翠滴玉（张维扬 供）

4.5.7 银琥（*G. shandii*）

银琥又名苔藓玉。叶高 2～4 cm，基部合生成肉质鞘，叶面圆凸，肉质叶一边大一边小。叶表皮薄，有许多透明的微细小突起。叶浅绿色至浅灰白色。花从两叶的中缝开出，粉红色，花瓣微曲，直径 3～5 cm（图 4-45）。

图4-45 银琥（左图幼株，右图开花株，张维扬 供）

4.6 仙宝木属（*Trichodiadema*）

仙宝木属有 35 个种，产于南非。本属植物多为小灌木。肉质叶对生，卵圆形，叶端簇生短刚毛。花以红色为主。仙宝木属常见栽培种类见表 4-21。

表 4-21 仙宝木属常见栽培种类

名称	拉丁名	特　征	图片（张维扬　供）
紫晃星	*T. densum*	常绿，灌木状，具肥厚粗大的肉质根，其表皮浅黄褐色，稍粗糙。肉质叶对生，呈棒状或纺锤形，先端尖，顶端有白色刚毛，叶长 1.5～2 cm，粗 0.5 cm，表面绿色，有排列密集的小疣突。花淡紫红色，直径约 4 cm，花期为春季和夏季	
姬红小松	*T. bulbosum*	植株为灌木状，茎基部膨大呈块根状。株高 15～20 cm。茎干肥厚多肉，多分枝，粗糙，黄褐色，顶端丛生纺锤形肉质小叶。叶淡绿色，长 1～2 cm，顶端丛生细短白毛。花顶生，雏菊状，桃红色，花期在夏季	
稀宝	*T. barbatum*	肉质茎细长、灰褐色，匍匐状生长。肉质叶对生，排列较稀，呈棒状或纺锤形，长 1～1.5 cm，直径 0.5～0.6 cm，淡绿色，叶顶端有白色或褐色短毛。花淡紫红色，也有花呈白色的“白花稀宝”	

4.6.1 紫晃星（*T. densum*）

紫晃星又名紫星光。花淡紫红色，在光线较为充足的白天开放，傍晚闭合，持续 5～7 d，观赏价值高。叶比较大，顶端有刺，给人的感觉更像仙人球类植物(图4-46)。紫晃星可作组合盆景，也可作花坛镶边或插花用。紫晃星盆栽置于书桌、几案或餐台上，令居室生机盎然。

图 4-46 紫晃星（张维扬 供）

(1) 生态习性

紫晃星喜温暖干燥和阳光充足的环境，耐干旱，忌阴湿，不耐寒。生长期为春、秋及初夏季节，要求有充足的光照，若光照不足会使叶与叶之间的距离拉长，株形松散，影响观赏，开花也较为稀少。

(2) 繁殖方法

可在生长季节剪取健壮充实的紫晃星茎段进行扦插，插后放在通风良好、空气湿润的半阴处，保持土壤湿润，容易生根。紫晃星也可用播种法繁殖，种子宜随采随播，播后注意保湿，发芽率较高。

(3) 栽培养护技术

紫晃星在多肉植物中属于慢生型，比较耐旱，日常浇水应做到“干透浇透”。如果浇水过多极易造成烂根。紫晃星虽然耐寒，但是低温时不生长，冬季需放在阳光充足的室内，控制浇水，停止施肥，温度保持在 10 ℃左右。

紫晃星对光照要求比较高，需要全日照，但夏季要进行遮阴处理，因为夏季高温时紫晃星虽无明显的休眠期，但生长缓慢。遮阴以防烈日曝晒，但也不能过于荫蔽，以光线明亮又无直射阳光为佳。夏季适当减少浇水量，注意通风良好，以防因闷热潮湿引起肉质叶脱落。

紫晃星每年春季换盆一次，盆土要求疏松肥沃，含有适量的石灰质，并具有良好的排水透气性，可按体积用腐叶土或泥炭土3份、园土1份、粗沙或蛭石5份，并掺入少量的骨粉等石灰质材料混匀后使用。

以观花为主的紫晃星可将肉质根埋入土中，其花朵大而多。作为盆景时，将肥厚的肉质根像“露根式盆景”那样提出土面，其肉质根苍劲古朴，与碧绿的棒状叶交相辉映，如同一株挺拔苍翠的古松（图4-47）。需要注意的是，提根应逐渐进行，不可一次完成，以免植株长势减弱，甚至死亡。

图4-47　紫晃星
（周洪义　供）

4.6.2　姬红小松（*T. bulbosum*）

姬红小松别名小松波，株型较紫晃星小，茎基部膨大成块根状。叶子小，没有刺，肉质小叶顶端丛生细短白毛，像一个缩小版的迎客松。姬红小松叶和花的观赏价值高（图4-48），适合盆栽放置于室内观赏。

图4-48　姬红小松
（张维扬　供）

（1）生态习性

姬红小松适宜在疏松透气、排水良好的土壤中生长。喜阳光充足、温暖干燥的环境，冬季可耐－5℃低温。

（2）繁殖方法

姬红小松以扦插繁殖为主。取当年

生壮健枝 5～6 cm，去除枝端 1 cm 处的叶片，插入培养土 1 cm 深，压实培养土使插穗稳固，喷水湿润土壤及插穗，放在塑料袋里，封闭袋口，放于半阳处。土干后喷水湿润，只要枝叶依然青翠挺立，2～3 周便能成活。成活后开袋让小松慢慢适应外界环境，一周后撤去塑料袋进行正常管理。

(3) 栽培养护技术

姬红小松生长期置于室外阳光充足处养护，可使植株健壮敦实，避免徒长。姬红小松是肉质根，浇水不能太多，积水容易烂根，掌握“见干见湿”的原则，盆土积水和长期干旱都不利于其正常生长。春秋季节 3～4 d 浇一次；夏季因气温高、水分蒸发快，1 d 浇一次；冬天气温低，可以 7～8 d 浇一次。因其需要的养分不多，基本不用施肥。平时注意修剪整形，剪除影响美观的枝叶，以保持株形的清新靓丽。冬季应将姬红小松移入室内光照充足处，控制浇水，不低于 5 ℃可安全越冬，甚至能耐短期的 0 ℃低温。每年需翻盆换土。病虫害极少。

4.7 露子花属（*Delosperma*）

露子花属约 150 种。多年生草本或亚灌木，常绿或半常绿；茎较长，分枝多；叶肉质对生，具 3 棱，腹面有肉质小疣；花单生或 7～8 朵集生，雏菊状，具短梗，花小、花色多、花期短。露子花属植物全年均可正常生长，多为夏季开花，且只在强日照下开放，自花授粉。果实成熟时开裂。露子花属常见栽培种类见表 4－22。

表 4－22 露子花属常见栽培种类

名　称	拉丁名	特　征	图片（薛凯、由利十修二　供）
刺叶露子花（又称雷童、花笠）	*D. echinatum*	茎部木质化。叶片依序成对长出，叶子圆润肥厚，叶边生有淡白色的软刺。花为黄色	

（续表）

名　称	拉丁名	特　　征	图片（薛凯、由利十修二　供）
块根露子花（又称冰花、冰雾花）	*D. bosseranum*	花茎细长，多分枝。肉质叶对生。花小，单生，雏菊状，花色多样。果实为蒴果	
丽晃（又称花岚山、软叶鳞菊）	*D. cooperi*	株高 10～15 cm，茎多分枝，蔓延生长。叶细长，肉质，翠绿色转红色。单花，顶生，菊花状，花冠紫色，花径 3～5 cm	
云雾露子花	*D. nubigenum*	绿色的肉质叶片于冬季可变为亮红色。花亮黄色	

露子花属原产南非南部、东部和中部的丘陵低地；不耐寒，冬季温度不能低于 5 ℃。喜温暖和阳光充足的环境；生长期适度浇水，其余时间保持干燥。春、夏季节播种，播种于颗粒细碎的土中，播种后不能覆土，保持土壤湿润，透光，约一周后发芽。发芽后应逐渐揭开覆膜通风，并减少浸盆浇水次数，以免土壤板结。播种一年后植物即可开花。播种苗能获得较大块根。非块根品种也可以用茎进行扦插繁殖。

4.7.1 块根露子花（*D. bosseranum*）

块根露子花以观赏块根为主（图 4－49），播种半年即可开花，其花为白色，比较小巧，花后可结种子，种子较细小。其形态与露草有明显区别（表 4－23）。

图 4－49 块根露子花（张维扬 供）

表 4－23 块根露子花与露草的区别

植物名称	花 色	叶 形	欣赏部位	用 途
块根露子花	偏紫色	叶肉质对生，具 3 棱，腹面有肉质小疣	观叶、观根	盆栽观赏
露草	偏粉红	叶对生，叶片呈心状卵形，扁平	观花、观叶	垂吊观赏、食用

块根露子花不耐寒，冬季越冬温度不低于 5 ℃，喜温暖和阳光充足环境。果实成熟后需干燥保存，以免沾水后炸裂。春、夏季节播种，发芽温度为 21 ℃，或取茎扦插繁殖。块根露子花耐旱能力极强，生长速度很慢，在通风良好的情况下，土壤可以稍微湿润。薄肥勤施。在生长期，浇水以“见干见湿”为原则。

4.7.2 刺叶露子花（*D. echinatum*）

图 4－50 刺叶露子花
（张维扬 供）

刺叶露子花属于冬型种，生长适应能力强，耐粗放管理，繁殖容易。刺叶露子花枝繁叶密，叶色青翠，肉质叶上布满了肉质刺，酷似一只只绿色小刺猬（图 4－50），奇特可爱。黄或白色的小花星星点点地点缀在青枝绿叶之间，观赏价值高。

（1）生态习性

刺叶露子花原产于南非干旱地区，喜阳光充足和通风良好的干燥环境，耐半阴和干旱，忌积水。

（2）繁殖方法

刺叶露子花多用播种法繁殖，也可在生长季节进行扦插，插条的长短要求不严，剪下的插穗稍晾 1～2 d，插后保持土壤稍有潮气，生根容易。

（3）栽培养护技术

栽培基质用泥炭、蛭石、珍珠岩等体积混合。刺叶露子花的生长适宜温度为 15～25 ℃，冬季不低于 5 ℃；夏季须遮阴，以免对植物造成伤害，还要给予良好的通风环境，避免长期雨淋，同时注意表土干燥再浇水，保持表土干燥能在很大程度上避免植株蒸烧与病菌感染。生长期适量施肥，一般 1～2 月一次。由于植株生长较快，对过密的枝条要及时疏剪，以保持株形的优美，对株形不佳者可适当重剪或通过换盆更新。

4.7.3 丽晃（*D. cooperi*）

丽晃圆柱状肉质叶被透明鳞片，花为菊花状，鲜红色或紫红色（图 4－51），花期在 6 月至 9 月。丽晃原产于非洲南部区域，喜光照充足、干燥的生长环境和排水良好的土壤，忌黏土，能在贫瘠的砂质土壤上生长；夏季耐热，能耐受一定的高温和干旱，冬季耐－20 ℃低温。丽晃生长迅速、习性强健，可以迅速覆盖花园的裸露地面。

图 4－51　丽晃（岑华飞　供）

4.8　虾钳花属（*Cheiridopsis*）

虾钳花属是多年生肉质草本，丛生。虾钳花属植物具 1～3 对较长的对生叶，基部连合成肉质鞘，叶正面扁平，背面圆凸，顶端呈龙骨状，整个对生叶酷似钳子，暗灰绿色，叶表皮薄，有许多透明的小突起。花黄色。虾钳花属常见栽培种类见表 4－24。

表 4－24　虾钳花属常见栽培种类

名　称	拉丁名	特　　征	图片（张维扬　供，部分引自乐趣园艺）
虾钳花	*C. turbinata*	植株易群生。对生叶基部连合成肉质鞘，叶正面扁平，背面圆凸，顶端呈龙骨状，表皮薄，有许多透明的小突起，浅灰绿色至灰白色。花从两叶的中缝开出，黄色，直径 3～5 cm	

（续表）

名　称	拉丁名	特　　征	图片（张维扬　供，部分引自乐趣园艺）
细叶虾钳花	*C. imitans*	幼株单生，老株则密集丛生。对生叶长 4～6 cm，基部连合成肉质鞘，整个对生叶酷似一把细小的钳子。叶正面扁平，背面圆凸，叶表皮薄，有许多半透明的细小点，浅灰绿色至绿色。花从两叶的中缝开出，黄色，直径 3～5 cm	
翔凤	*C. peculiaris*	幼株单生，老株则密集丛生。对生叶长 2～5 cm，基部连合成肉质鞘，整个对生叶酷似一把平口的钳子。叶正面扁平，背面圆凸，叶表皮薄，有许多半透明的细小点。叶浅灰绿色至灰白色，强光晒后容易变成红褐色。花从两叶的中缝开出，黄色，直径 3～5 cm	
神风玉	*C. pillansii*	幼株单生，老株群生。叶浅绿色至灰绿色。花从两叶的中缝开出，黄色，花冠较大，花瓣较窄且长	

（续表）

名　称	拉丁名	特　　征	图片（张维扬　供，部分引自乐趣园艺）
慈光锦	*C. candidissima*	高度肉质的多年生草本。对生叶通常是两对，两对叶的形态有所不同，下面一对横向伸展较短，上面一对垂直向上较长。每对叶有五分之二连合，有鞘。叶背龙骨突半圆形，浅绿色，尖端略呈红色，平滑无毛但有无数深绿色的小疣点。花白色，直径约 3 cm	
冰岭	*C. denticulata*	叶对生似虾钳，叶面有小疣点	
春意玉	*C. purpurea*	叶对生，叶面有少许的透明窗	
丽玉	*C. vanzylii*	叶对生，叶色会随环境变化。花黄色	

虾钳花属植物是很容易养护的种类，夏季半休眠，需要遮阴 60%，15～20 d 浇水一次，需要通风良好的环境。秋冬春三季是生长期，土壤完全干透后浇透。

4.8.1 虾钳花（*C. turbinata*）

虾钳花老株容易群生（图 4－52）。对生叶酷似一把钳子。花黄色，一般每株只开一朵，晚冬至初春阳光充足的下午开放，夜晚闭合。群生株开花非常壮观。

图 4－52　虾钳群生（张维扬　供）

(1) 繁殖方法

播种繁殖或分株繁殖均可。播种 2 年后植株每年会 1 脱 2～3 头，当脱皮分头数量减少，变成 1 脱 1 头时就可以分株了。分株时将肉质根切下，埋在沙床中，上部稍露出，保持一定的湿润和明亮光照，就可以从根部顶端处萌发出新芽，形成完整的小植株。

(2) 栽培养护技术

栽培基质要疏松、透水、透气，可以使用煤渣混合少量泥炭。春天是脱皮期，脱皮期比生石花长，脱皮期要多晒，少浇水，这样 4 月至 5 月基本能脱完，如果其间给水过多，脱皮期会延长到夏季。夏季休眠时要遮阴，放在明亮通风的散射光处，少量给水，水多了会烂。秋天进入生长期，可以循序渐进地恢复给水。冬季避免温度太低而冻伤，盆土干燥的状态下耐－3 ℃低温。晚冬至初春会开花，只要植株饱满就不需要补水，发现对叶有点萎靡就立即补水。

4.8.2　神风玉（*C. pillansii*）

神风玉幼株单生，老株群生；夏季休眠，其他季节生长；脱皮期比较长，基本能蔓延整个生长季节，脱皮期多晒，少水，同时也要注意不要晒伤。神风玉小植株完全脱皮，大植株的新叶片与老叶片会同时生长，有时会多层叶片同时生长。神风玉生长期干透浇水，不浸盆，整个夏季需遮阴，放在通风的散射光处养护。

4.9　虎腭花属（*Faucaria*）

虎腭花属又叫肉黄菊属、虎腭属、虎纹草属，全属约 30 种，是高度肉质化的低矮草本。肉质叶十字形交互对生，大多为棱形，腹面常具肉质齿或颚状突起，叶缘常具粗毛。花大，直径 3～4 cm，黄色。虎腭花属原产于南非石灰岩山区，属于春秋型种，夏季休眠。虎腭花属株形美观，栽培容易，常见栽培有荒波（*F. tuberculosa*）、帝王波（*F. smithii*）、四海波（*F. tigrina*）、虎波（*F. crassisepala*）、海豚波（*F. albidens*，图 4－53）、逆波（*F. felina*，图 4－54）和白波（*F. bosscheana*，图 4－55）等。另有引进种如 *F. subintegra* 和 *F. grandis*（图 4－56）。

图 4－53　海豚波
（周洪义　供）

图 4－54　逆波
（华国军　供）

图 4-55　白波
（冯琦栋　供）

图 4-56　*F. grandis*
（周洪义　供）

4.9.1　荒波（*F. tuberculosa*）

荒波的肉质叶交互对生，叶片长三角形，先端菱形，长约 3 cm，宽约 1.6 cm，表面平整，背面圆凸，先端有龙骨凸起，叶表面有星散的肉齿，叶缘肉齿先端有白色纤毛。花黄色（图 4-57），直径 4～5 cm。荒波的花与同属栽培的其他种的花形相似，但叶子表面肉质突起的形状、密度和大小的变化较多，是肉黄菊属中形态最富于变化、最奇特的种类，适合作为小型盆栽。

红怒涛（*F. tuberculosa* ‘Rubra’）是常见栽培品种。其叶深绿色中带红色，叶表面中央星散的肉齿连接成线状或块状的肉质突起，形状不规则。叶缘具肉齿，肉齿先端有白色纤毛（图 4-58）。红怒涛秋天开花，黄色，花径约4 cm。其他常见种还有狂澜怒涛，其对生叶整齐密集；狮子波，其叶表面的肉齿较密，犹如狮子的鬃毛；小疣波，其叶缘处有较长的疣状突起。

图 4-57　荒波
（张维扬　供）

图 4-58　红怒涛
（聂廷秋　供）

(1) 生态习性

荒波喜温暖、干燥和阳光充足的环境，耐半阴，耐干旱，盛夏高温季节植株休眠，进入休眠时最末一对老叶逐渐发黄枯萎。

(2) 繁殖方法

荒波的繁殖方法除了播种繁殖，还可以结合换盆进行分株，或在生长季节剪取茎段扦插繁殖。

(3) 栽培养护技术

培养土要求疏松、排水良好并富含石灰质，可用腐叶土、园土、粗沙等混合。春季到初夏和秋季是荒波的生长旺季，可以放在室外阴凉通风处，但不能长期雨淋，春秋两季的光线可根据需要来调节，光线弱时生长快。休眠期要放置在通风良好的阴凉处，并控水，严禁施肥。冬季给予充分光照，能耐5 ℃低温，如12 ℃以上则继续生长，需正常浇水。

4.9.2　帝王波（*F. smithii*）

帝王波植株密集丛生，肉质。叶十字交互对生，基部连合，先端三角形，叶缘和叶背龙骨突表皮硬膜化，大部分叶面有肉齿，叶缘有肉质粗纤毛（图 4-59）。花大无柄，黄色。

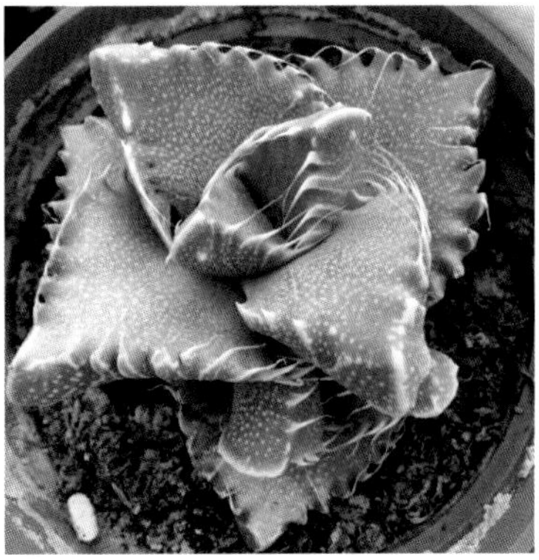

图 4-59　帝王波

（张维扬　供）

帝王波喜温暖干燥和阳光充足的环境，不耐寒，耐半阴和干旱，怕水湿和强阳光暴晒。夏天轻微休眠。冬季如果温度能够保持在 2 ℃以上，可以正常给水；0 ℃以下要断水，否则容易冻伤，也容易烂根。繁殖时采用播种或砍头，也可以取侧芽扦插。

4.9.3　四海波（*F. tigrina*）

四海波又名虎腭花。肉质叶扁菱形，灰绿色，叶长 3～5 cm，叶背圆，叶缘有 8～10 条肉质齿，肉齿下粗上细，先端呈毛状（图 4-60）。花大无柄，黄色（图 4-61），夏季休眠。常见栽培有 30 多个品种，如白边四海波，其植株密集丛生；肉质叶十字交互对生，基部连合，叶先端三角形，叶缘和叶背龙骨突表皮硬膜化，叶缘和叶背有白边（图 4-62）；花大无柄，黄色。

图 4－60　四海波（张维扬　供）

图 4－61　四海波（张维扬　供）

图 4－62　白边四海波（张维扬　供）

(1) 生态习性及栽培养护技术

四海波植株喜温暖干燥和阳光充足的环境，不耐寒，耐半阴和干旱。夏天有轻微休眠，需要遮阴 50%，控制浇水，淋雨或浇水多易腐烂。秋冬生长期需要充足的光照及适当的肥水。生长期日照充足叶色才能艳丽，株形才能更紧实美观，日照太少则叶色绿，叶片排列松散，叶距拉长。

(2) 水培栽培技术

四海波可以水培，方法是将四海波从花盆中取出，去掉根部土壤，用温水洗净根部浮土，然后剪掉 1/2 根系（剪根速度要快，保证一次成功，以防产生过多伤口导致腐烂）。去根的四海波用质量分数 0.5% $KMnO_4$ 浸泡消毒 30 min，然后用清水冲洗三次，放在阴凉处阴干 2 d 备用。水培在室温（20～25 ℃）下进行，保持水清澈透明，每天搅拌，以增加溶解氧，一般 4～8 d 出新根。因为四海波是肉质类植物，本身含有的营养成分比较充足，在水培时不需要额外添加营养元素。

4.9.4 虎波（*F. crassisepala*）

虎波植株密集丛生，肉质。叶十字交互对生，基部连合，先端三角形，叶缘和叶背龙骨突表皮硬膜化，叶面有白色小肉齿，叶缘有肉质粗纤毛，叶片表面有白色小点（图 4-63）。虎波花大无柄，花黄色。虎波喜温暖干燥和阳光充足的环境，不耐寒，耐半阴和干旱，怕水湿和强阳光暴晒，夏天有轻微休眠。

图 4-63 虎波（引自浴花谷花卉网）

4.10 春桃玉属（*Dinteranthus*）

春桃玉属是番杏科中植株较小但极具特色的一个属，除绫耀玉头部扁平，其余几种都形似春天刚结的小桃子，青白至乳白色，故名春桃玉。如果生长期光照环境好，株体会呈现淡粉色，斑点更加凸显。春桃玉属植物种类较少，常见栽培种类见表 4 - 25。

表 4 - 25　春桃玉属常见栽培种类

名称	拉丁名	特　　征	图片（张维扬　供）
春桃玉	*D. inexpectatus*	成株为寿桃形，幼株则呈圆饼状。叶面无任何斑点，青绿色，光强时会晒成桃粉色。花深黄色	
幻玉	*D. wilmotianus*	幼株呈圆饼状，成株为寿桃形。叶面有较分散的圆形斑点，青绿色，光强时会晒成淡紫色。花金黄色	
妖玉	*D. puberulus*	幼株呈圆饼状，成株为长桃形。叶面有较密集的圆形小斑点，灰绿至灰白色。花金黄色	

（续表）

名称	拉丁名	特　　征	图片（张维扬　供）
绫耀玉	*D. vanzylii*	幼株呈圆饼状，成株为元宝形。叶面有褐色的点纹或线状斑纹，灰白色，阳光强时会晒成淡淡的暖黄色或粉白色。花橙色	
南蛮玉	*D. pole-evansii*	幼株呈圆饼状，成株为寿桃形。叶面有凹凸质感的不明显暗斑，灰白至乳白色。花金黄色	
奇凤玉	*D. microsperum*	幼株呈圆饼状，成株为长桃形。叶面有较分散的点状暗斑，青白色，阳光强时可晒成淡淡的粉紫色。花黄色	

（1）生态习性

春桃玉属植物分布于南非北开普省西北部及纳米比亚的东南部，是典型的冬型种，忌高温高湿的环境，生长期在 10 月至翌年 5 月，休眠期在 6 月至 9 月。

（2）繁殖方法

春桃玉属以播种繁殖为主。种子极其细小，发芽率低，成活率低，生长缓慢。播种时温度保持在 26 ℃以上，最佳温度为 30 ℃以上，长江流域以南地区宜选 8 月底播种。此外，春桃玉属的播种需要较高的湿度，高温高湿是萌芽的关键，但是播种出苗后应尽快降低湿度，因为高湿环境会加快幼苗水化腐烂。

(3) 栽培养护技术

春桃玉属养护时，放在通风的环境中，可以有效地控制株形。土壤干后及时浇水，浇水要浇透。由于春桃玉属原产于贫瘠的土壤中，所以不需大肥，只需每年施两次淡液肥。苗期的土壤应配得细些，三年以上的植株可以多加些颗粒。

(4) 绫耀玉

春桃玉属的绫耀玉初为单生，以后脱皮分头，成群生状，栽培中多为 2～4 头组成小群生(图 4－64)。绫耀玉叶为灰白色，顶部有红色的线状或网格状斑纹或透明的斑点，植株外形与曲玉、荒玉、云映玉等白色系列的生石花极为近似。花黄色(图 4－65)，直径约 3 cm，花期秋季，在天气晴朗、阳光充足的下午至傍晚绽放（若栽培场所光照不足或遇阴雨天则难以开花)，晚上闭合，单朵花可持续开放 3～4 d。

图 4－64　绫耀玉群生

（曹玉茹　供）

图 4－65　绫耀玉的开花状态

（曹玉茹　供）

① 绫耀玉的生态习性：绫耀玉喜凉爽、干燥和阳光充足的环境，耐干旱，不耐阴，怕水和酷热，高温季节要求通风良好，具有冷凉季节生长而夏季高温休眠的习性。每年 9 月植株开始生长，并逐渐形成花蕾，10 月开花，进入冬季后植株开始在其内部孕育新的植株，春季脱皮后会长出新株。栽培条件较好的情况下，每株成株脱皮后会长出两个新株；如果是幼株或栽培条件不好，只能形成一株。

② 绫耀玉的繁殖方法：绫耀玉在秋季播种繁殖，播种土可用蛭石和草炭土按体积比 3∶1 混合，并对基质进行高温消毒。因种子细小，播后覆土要少，播

种盆需盖上玻璃片或罩上塑料薄膜进行保湿，播后浇水应采用“洇灌”的方法。出苗后及时去掉玻璃片或塑料薄膜，以免因闷热潮湿导致小苗腐烂，苗期也要采用“洇灌”的方法浇水。绫耀玉的分株繁殖在秋季结合换盆进行，将群生植株掰开，在伤口处涂草木灰或木炭粉以防腐烂，晾一周左右，待伤口干燥后再栽种。

③ 绫耀玉的栽培养护技术：2 月至 4 月是绫耀玉的“脱皮期”，其间要控制浇水，特别是水不要积存在植株老皮内，以免造成腐烂，并给予充足的阳光。

夏季高温时绫耀玉处于休眠状态，宜置于通风凉爽、光照明亮处养护，避免雨淋，也不要浇太多水，以免因积水和闷热潮湿而造成植株腐烂。

秋季是绫耀玉的生长季，要给予充足的光照，若光照不足会导致植株瘦高细弱，不仅影响观赏，而且植株难以开花。生长期浇水“宁少勿多”，避免积水，但也不宜长期干旱，否则植株生长停滞，变得干瘪。绫耀玉可以在秋季换盆，盆土要求疏松透气，排水性良好，具有较粗的颗粒，可用腐叶土和粗河沙（或蛭石）按体积比 2∶3 混合配制，并掺入少量骨粉做基肥，同时拌入多菌灵等杀菌药物杀菌。刚移植的植株由于土壤湿润，不必浇水，等 2～3 d 盆土干燥后浇一次透水。

冬季绫耀玉能耐 5 ℃低温，甚至短期能耐 0 ℃的低温，但要求阳光充足，并严格控制浇水。

4.11 鹿角海棠属（*Astridia*）

鹿角海棠属仅两种，原产于南非，小灌木状，新月形肉质叶交互对生，基部连合，花白色或粉色。常见栽培的是鹿角海棠（*A. velutina*）。

（1）鹿角海棠的形态特征

鹿角海棠又名熏波菊，是多年生肉质灌木，全株密被极细短绒毛，老枝灰褐色，分支处有节间。叶粉绿色，高度肉质，交互对生，对生叶于基部合生，具三棱，叶长 2.5～3.5 cm，叶宽 0.3～0.4 cm，叶端稍狭窄。花顶生，具短梗，单生或数朵间生，白色或粉红色，冬季开花。鹿角海棠叶形叶色较美，花色艳丽，观赏价值高（图 4－66）。

（2）鹿角海棠的生态习性

鹿角海棠原产于非洲西南部地区，喜温暖干燥和阳光充足的环境，耐干旱，怕高温潮湿。鹿角海棠要求排水良好、疏松的砂质壤土；夏季注意遮阴，否则表面易起皱；冬季养护温度不应低于 15 ℃。

图 4-66　鹿角海棠（曹玉茹　供）

(3) 鹿角海棠的繁殖方法

鹿角海棠的繁殖方法主要以扦插为主，也可播种。

扦插繁殖以春秋季进行最佳。选取充实、成熟的茎节（即老的木质枝条），剪成 8～10 cm 的小段，晾几天，插于微潮的沙床，室温保持在 21～25 ℃。鹿角海棠扦插后 15～20 d 生根，发根前叶片会有严重褶皱，属正常现象，待根长到 3 cm后即可移植盆栽。

播种繁殖是在春季，采用室内盆播，发芽室温为 20～24 ℃，播种后 10 d 左右发芽。播种的幼苗根系细而浅，浇水需谨慎，最好使用喷壶喷洒。幼苗期保持环境湿润凉爽，一个月后可移苗。

(4) 鹿角海棠的栽培养护技术

鹿角海棠需放置在阳光充足的环境下养护，新移栽的苗可在阴凉通风处缓苗 3～5 d。土壤要疏松透气，保持偏干，不能长期潮湿。鹿角海棠不耐寒，冬季温度不能低于 15 ℃，且保持盆土干燥。

每年春季结合整形修剪进行换盆，换盆时加入肥沃的泥炭土或腐叶土和粗沙组成的混合基质。春季生长期以保持盆土不干燥为准，并保持一定的空气湿度。夏季呈半休眠状态，可放半阴处养护，如果受到阳光直射，叶片会发生缺水甚至灼伤，造成叶片开裂或者产生褶皱。鹿角海棠在秋后开始继续生长，每半月施肥一次。临冬时茎叶生长进入旺盛期，并开始开花。冬季室温保持在 15～20 ℃时，能开花不断。

鹿角海棠在遮阴的环境中，光线过暗容易徒长，或平时浇水过多，根系会将水分迅速地输送到叶片，促使叶片不断伸长，也容易徒长。对于徒长苗，可在生长期（春、秋两季），将鹿角海棠的顶部剪下，待伤口晾干后，进行重新扦插。

鹿角海棠病虫害的防治：盆栽湿度过大时，常发生线虫病害，可用质量分数为 3％的呋喃丹进行防治。有介壳虫危害时，可用质量分数为 55％的杀螟松乳油 1 500倍液喷杀植株。

4.12　叠碧玉属（*Braunsia*）

叠碧玉属的木质茎直立或匍匐。在国内常见栽培种是碧玉莲（*B. maximiliani*）。

(1) 碧玉莲的形态特征

碧玉莲也叫碧鱼莲，幼茎紫红色、柔软，匍匐或垂吊生长；叶肥厚肉质，交互对生，叶形短小，绿色，叶尖和叶缘在阳光充足的环境中会泛紫红色，表层上有明显纹路，略被白粉，叶缘和叶子背部中缝有透明边缘，通透感强（图 4－67）。碧玉莲开小花，花色为粉红色或紫红色，冬末至初春开花。碧玉莲植株迷你，叶色美丽，叶形奇特，叶片像小元宝，又有点像螃蟹的钳，并且生长缓慢，容易保持姿态，适合摆放在窗台、阳台、庭院观赏。碧玉莲与鹿角海棠的形态相似，具体形态区别见表 4－26。

图 4－67　碧玉莲（曹玉茹　供）

表 4-26　碧玉莲与鹿角海棠的形态区别

名称	株形	叶　　片	花	图片（曹玉茹　供）
碧玉莲	蔓生	叶片比较短；棱边半透明；叶片有一层白粉，表层上有明显纹路	冬末至初春开花，粉色或紫色	
鹿角海棠	直立向上	叶片比较修长；纯绿色，无纹，无白粉	冬季开花，白色或粉红色	

(2) 碧玉莲的生态习性

碧玉莲原产于南非西开普省和北开普省，喜温暖、湿润的环境，耐旱性强，要求质地疏松、排水良好的砂质壤土，不耐高温，忌阳光直射。

(3) 碧玉莲的繁殖方法

碧玉莲（图 4-68）多用扦插和分株法繁殖。扦插繁殖在 4 月至 5 月，选健壮的顶端枝条为插穗，长约 5 cm，上部保留 1～2 枚叶片，待切口晾干后，插入湿润的沙床中。也可叶插，用刀切取带叶柄的叶片，稍晾干后斜插于沙床上，入沙深度为叶柄的 1/4～1/3，保持基质湿润和较高的空气湿度，环境温度为 20～25 ℃，10～15 d 生根。在有控温设备的温室中，全年都可进行扦插繁殖。

(4) 碧玉莲的栽培养护技术

① 基质：碧玉莲喜疏松、透气，排水良好且富含腐殖质的砂质壤土，在黏

土中生长势差。栽培基质可用腐叶土、河沙和少量腐熟的有机肥料混合，有条件的可选择泥炭土与珍珠岩混合。

图 4-68　碧玉莲
（张维扬　供）

② 光照：碧玉莲喜半阴或散射光照，除冬季需要充足的光照外，其他季节需要稍加遮阴，特别是夏季更需遮阴。但光线不足时碧玉莲易徒长，枝间增长，观赏性降低。

③ 温度：碧玉莲生长适宜温度为 20～30 ℃，越冬温度保持在 10 ℃以上时能正常生长，10 ℃以下停止生长，5 ℃以下易发生冻害。

④ 湿度：碧玉莲喜湿润的环境，在湿度大的环境条件下生长茂盛，叶色鲜艳，气温高或空气干燥时要在叶面喷水或在生长环境中洒水，以保持较高的空气湿度。碧玉莲也能适应短暂的干燥环境。

⑤ 浇水：碧玉莲比较喜水，在生长期要勤浇水，尤其是气温高于 25 ℃或空气干燥时要多浇些水，但也要防止涝渍，要在盆土表面干燥时再浇透；气温低于 10 ℃时，应减少浇水，保持盆土稍干燥。

⑥ 施肥：施肥少量多次进行，以稀释的肥液代替清水浇灌最佳，不耐生肥与浓肥。也可以喷施叶面肥，效果良好。肥料以氮肥、钾肥为主，磷肥为辅。气温低于 18 ℃时或高于 30 ℃时少施或不施肥。

⑦ 修剪：新繁殖的小苗，在苗高 10 cm 左右就要摘心，这样能增加枝条数量，使株形更丰满，观赏价值也更高。大株的修剪一般根据长势而定。

⑧ 病虫害防治：碧玉莲的主要虫害有根粉蚧、蘑菇蝇，主要病害有炭疽病、根腐病。发现根粉蚧后，及时喷洒质量分数为 40％的速扑杀乳油1 000～1 500倍液进行防治。蘑菇蝇一般以虫卵形态隐藏在盆土中，用 40％氧化乐果乳油 1 000～1 500倍液浇灌盆土即可。高温多湿的梅雨季节，或施用氮肥过量，碧玉莲容易患上炭疽病，发现植株患炭疽病后，可用质量分数为 70％的甲基硫菌灵可湿性粉剂1 000倍液进行喷洒防治。碧玉莲养在室内时，应多开窗通风，以降低发病概率。

4.13 舌叶花属（*Glottiphyllum*）

舌叶花属约55种。舌叶花属植物是多年生肉质草本，植株匍匐；对生叶排列紧密或叠生，叶舌状，绿色；花黄色。常见栽培有宝绿（*G. longum*）、新妖（*G. peersii*）、舌叶花（*G. linguiforme*）和早乙女（*G. neilii*）等。

4.13.1 宝绿（*G. longum*）

宝绿又称牛舌花、舌叶菊等。绿色舌形的肉质叶肥厚多汁，翠绿透明，两列叠生，先端略弯，叶长6～10 cm，像一只绿色的章鱼。冬季开花，花黄色（图4-69）。宝绿叶片形似翡翠，清雅别致，适宜盆栽。

图4-69　宝绿（张维扬　供）

(1) 繁殖方法

① 播种繁殖：宝绿播种期为 4 月下旬至 5 月中旬，在室内按照小粒种子播种的方法进行盆播，在 20～24 ℃的室温下 10 d 后开始萌芽，出苗迅速而整齐。待幼苗长到 3 cm 以上时分苗，苗期应适当遮阴，盆土略显湿润即可，不浇大水。

② 扦插繁殖：2 年生以上的宝绿，茎秆基部的叶片开始脱落，由叶痕处的隐芽萌发抽生侧枝。扦插时将侧枝从基部剪下，摘掉基部叶子，露出茎秆后插入湿润的素沙土中，放在温暖的室内，沙土变干后滴少许水，20 d 后即可生根。

(2) 栽培养护技术

① 温度：宝绿喜温暖，生长适宜温度为 18～22 ℃；不耐寒，越冬温度宜维持在 5 ℃以上；畏炎热高温，30 ℃以上进入半休眠状态，应采取遮阴、向植株及四周环境喷水和加强通风等措施来降低温度，营造较为凉爽的小气候。

② 光照：宝绿喜半阴环境，忌强烈阳光暴晒。5 月至 9 月应进行遮阴，遮去阳光的 50%左右，或将植株置散射光充足处。其他时间可给予充足阳光，特别是春季必须阳光充足。光照充足时，植株通体碧绿，叶片油光发亮，花多而艳；光照不足时，不但叶片变得瘦弱，而且花芽不易分化，开花数减少，花色也会变得暗淡无光，影响观赏。

③ 浇水：宝绿肥厚的肉质叶中有发达的储水组织，因而十分耐干旱，但不耐水湿，盆土偏湿会使植株徒长、开花减少，过湿还会导致植株烂根。春、秋生长时期，浇水应掌握“干湿相间而偏干”的原则，一定要待盆土干后才能浇水。

④ 施肥：宝绿不喜大肥。春季正值植株生长与开花旺盛时期，应每半月追施一次氮磷钾复合肥，以促进生长与开花。入夏植株呈半休眠状态，应停止施肥。入秋植株又转入旺盛生长时期，应停止施用氮肥，增施磷钾肥，以防止秋天过分生长而影响植株的抗寒能力。冬季也应停止施肥。

⑤ 翻盆：宝绿每两年左右翻盆一次，通常在春季开花后进行。盆土选用疏松、通透性强的砂质壤土，或用腐叶土、园土和粗沙等材料混合。

⑥ 病虫害：宝绿的病害主要有叶斑病和锈病，可用百分之一的波尔多液每半月喷洒一次预防。虫害是介壳虫，用 40%的氧化乐果乳油1 500倍液喷杀。

4.13.2 新妖（*G. peersii*）

新妖是多年生草本，幼株单生，老株则密集丛生。叶为绿色至深绿色，对生叶基部连合成肉质鞘，对生叶长短组合，如同有人在圆柱上砍了一刀。叶正面中下部扁平并有白色的棱，背面圆凸，叶表皮薄，有许多小点（图 4－70）。花从两叶的中缝开出，黄色。栽培养护方法同宝绿。

图 4－70　新妖（张维扬　供）

4.13.3　舌叶花（*G. linguiforme*）

舌叶花的茎极短或无。肉质叶长 6～12 cm，末端呈舌状稍卷曲，叶色鲜绿，叶面光洁透明，叶片紧抱轮生于短茎上，酷似佛手状（图 4－71）。舌叶花在秋冬季开花，花具短梗，金黄色。

图 4－71　舌叶花（张维扬　供）

(1) 生态习性

舌叶花喜冬季温暖、夏季凉爽干燥的环境，生长适宜温度为 18～22 ℃，温度超过 30 ℃时，植株生长缓慢且呈半休眠状，越冬温度须保持在 10 ℃以上。舌叶花宜于肥沃、排水良好的砂质壤土生长。生长期在立秋至翌年夏天之前。

(2) 繁殖方法

舌叶花繁殖时多用分株或扦插繁殖。每年春季结合换盆进行分株。扦插通常于 9 月至 10 月进行，扦插基质可用干净的湿沙，待插穗切口晾干后再将其插入沙床中，温度维持在 20 ℃左右，1 个月后即可生根。其新根长至 2～3 cm 时，再进行移栽上盆。

(3) 栽培养护技术

养护管理时，舌叶花生长期每半月施肥一次。夏季高温多湿，茎叶易腐烂，需遮阴和通风，才能安全越夏；秋季植株生长最旺盛，应多浇水；入冬后气温下降，生长减慢，浇水相应减少；早春开花期，浇水可酌量增加。一般栽培 3～4 年植株需更新。

4.13.4 早乙女（*G. neilii*）

早乙女的舌状叶片对生，肉质，柔软，长为宽的 2～4 倍，表皮薄而有光泽。花单生，黄色（图 4－72）。早乙女容易群生，分枝全部环形生长，是比较耐看的品种。早乙女栽培养护时要求全日照，温度超过 35 ℃要遮阴和通风；夏季休眠不明显，放在阴凉通风的地方养护，少量给水；秋天正常管理，干透浇透；冬季可以微量给水，或不给水，－5 ℃会冻坏。

图 4－72 早乙女（引自乐趣园艺）

4.14 银叶花属（*Argyroderma*）

银叶花属又叫金铃属、银石属，约50种，原产于南非西部。银叶花属植株小，具肉质化的对生叶1～2对，叶面扁平，叶背凸起，表皮硬，白色或淡灰绿色，无斑点。花大型，黄、红、紫、粉各色都有。银叶花属常见栽培种类见表4-27。

表4-27 银叶花属常见栽培种类

植物名称	拉丁名	形　　态	图片（曹玉茹　供）
金铃	*A. roseum* var. *dcloeetii*	植株肉质，无茎。半卵形的叶2～4片，交互对生，下部联合，上部分开。叶黄绿色，无斑点，表皮较厚，没有任何花纹，叶背、叶面、叶缘都细条圆润。花从两叶中缝开出，具短柄，花大，黄色或白色。果实为蒴果，种子细小	
手指银叶	*A. fissum*	株形有很多变化。叶片如指状。花色较多，有黄色、紫色、粉色、暗紫色等	
紫花金铃	*A. crateriforme*	株形偏圆形。叶片光洁，银灰色。花大，紫色，秋冬季开花，单朵花期10 d左右	

(1) 金铃的形态特征

金铃肥厚的肉质叶形态奇特，像卵石，又似元宝，充满趣味性，偶有3片叶子轮生，像奔驰牌汽车的标志，故被爱好者称为“奔驰金铃”（图4-73）。金铃花朵硕大，花色鲜艳而丰富，花期在春、秋两季，通常在阳光充足的白天开放，傍晚闭合，如此昼开夜闭，单朵花可持续绽放4～6 d。常见栽培品种有开深红色花的红花金铃，粉色花的皮尔逊金铃（也称银皮玉），以及银铃、贺春玉等。

图4-73　金铃（张维扬　供）

(2) 金铃的生态习性

金铃喜凉爽干燥和阳光充足的环境，怕积水，耐干旱，既不耐寒，也不耐酷热，具有冷凉季节生长、夏季高温休眠的习性。金铃的生长期为秋季至翌年春季，每年9月随着气候的转凉，植株进入生长期，其肉质叶开始生长，同时一对新叶也由老叶的中缝长出，并伴有花蕾。果实为吸湿性蒴果，具有遇水即开裂、释放出种子的习性。

(3) 金铃的繁殖方法

金铃常用播种的方法繁殖，一般在9月至10月进行，如果有完善的保温设施，也可在冬季进行。播种土可用蛭石掺少量的草炭，并经高温消毒。由于种子细小，播后不必覆土，可在盆面覆盖玻璃片或塑料膜。应采用“洇灌”的方法浇水，播后7 d左右出苗，当幼苗拥挤时及时分苗移栽。幼苗通常生长缓慢，2～3年才能开花。金铃换盆时，可以将老株旁的幼株进行分株繁殖，新分株的植株当日不浇水，3～5 d后再浇。

(4) 金铃的栽培养护技术

金铃是番杏科中的珍稀种类，栽培困难。金铃生长期需给予充足的阳光，如果光照不足会使植株徒长，株形难看，也难以开花，而且抗病力减弱，此时如果水大还容易腐烂。生长季节应保持盆土稍湿润，避免积水。生长期施肥时可将颗粒性缓释肥料放在盆土表面或浅埋，使其释放养分供植株吸收，也可每月施一次腐熟的稀薄液肥或低氮高磷钾的复合肥，施肥时不要将肥水溅到植株上。

冬季温度如果晚上能保持在 5 ℃左右、白天在 20 ℃以上，可正常浇水、施肥，使植株继续生长。假如维持不了这么高的温度，要控制浇水，保持土壤干燥，使植株休眠。金铃能耐 0 ℃低温，但这时植株会停止生长，直到春天温度回升后才恢复生长，花期也会推迟到春季。

夏季休眠期，植株老叶逐渐萎缩干瘪，只剩下中间的一对叶，可放在光线明亮又无直射光处养护；注意通风良好，严格控制浇水，甚至可以完全断水，防止雨淋，以免因闷热、潮湿、积水引起植株腐烂。

金铃每 2～3 年需换土一次，宜在 8 月下旬进行。盆土要求疏松透气，具有良好的排水性，可用粗沙或蛭石加腐叶土或草炭土混合配制，并掺入少量的骨粉，以补充土壤中的磷肥，还应加些多菌灵，以杀灭土壤中的真菌，避免植株腐烂。为了增强观赏性，可在盆土表面铺一层石子或陶砾，同时也能防止施肥时肥水溅到植株上。

金铃的病害主要是因栽培环境闷热潮湿或盆土长期积水引起的腐烂病，可通过改善栽培环境，加强通风，采用排水良好、有较粗颗粒的基质预防。此外，夏季和初秋强烈的阳光也会灼伤肉质叶或叶与根接合的部位，从而造成植株腐烂，应通过遮光进行预防。金铃的虫害主要是根粉蚧，发现感染后应及时换盆、换土，并清除根部的虫体、虫卵。

4.15 窗玉属（*Fenestraria*）

窗玉属又叫棒叶花属，仅两种，五十铃玉（*F. aurantiaca*）和群玉（*F. rhopalophylla*），产于南非。窗玉属植物肉质化的棍棒形叶密集成丛，叶顶端增粗浑圆状，灰绿色，基部稍呈红色，顶端透明。花黄色或白色。代表植物为五十铃玉。

(1) 五十铃玉的形态特征

五十铃玉又叫橙黄棒叶花，植株密集成丛，肉质叶棍棒状，几乎垂直生长，叶长 2～3 cm，直径 0.6～0.8 cm，顶端增粗、扁平不呈截形，稍圆凸。叶淡绿色，基部稍呈红色，叶顶部有透明的“窗”。花径 3～4 cm，橙黄带点粉色

(图 4 - 74)。五十铃玉的叶小，但花朵大，且颜色明亮鲜艳，形态奇特，十分可爱，欧美地区的人们又叫它“婴儿脚趾”，是一种珍奇的观赏花卉。

(2) 五十铃玉的生态习性

五十铃玉喜温暖干燥、阳光充足的环境，耐高温干旱，不耐寒；怕水涝及长时间暴晒；要求无肥、疏松、颗粒偏多的砂质壤土；夏季休眠，冬季开花。在原产地，为防止水分的流失和躲避动物的啃食及踩踏，植株通常会将叶片全部埋入土壤中，只露出顶端的透明部分即“窗”进行光合作用。

图 4 - 74 五十铃玉（曹玉茹 供）

(3) 五十铃玉的繁殖方法

① 播种繁殖：春季 4 月至 5 月或秋季 10 月都可以播种。播种适宜温度为 15～25 ℃。播种基质应疏松透气且保水性能好，可以用赤玉土、蛭石、粗沙等体积混合，播种前基质要消毒。因种子细小，一般采用室内盆播。播种选在晴天进行，播种后如遇上连续阴雨天气，发芽会推迟。播种完成后要注意保温保湿，白天中午气温高时，可以掀开覆盖物通风，下午盖严，以保持小环境的空气湿度。盆土干时应采取浸盆法浇水，切勿直接浇水，以免冲失种子。播种后将苗盆放在有散射光的地方，加大早晚温差，有利于出苗整齐。播后约半个月发芽，出苗后让小苗逐渐见光。实生苗需 2～3 年才能开花。

② 分株繁殖：春季结合换盆进行分株繁殖。将密集丛生的植株挖出，用洁净的刀片从基部将植株分解，再次栽植即可，栽植时注意不要将叶片埋深，否则易引发腐烂。栽植后需保证土壤微潮。

(4) 五十铃玉的栽培养护技术

栽培养护时，种植盆宜小。秋、冬、春三季为生长季节，要保证每天的光照时间在 3～4 h，其他时间要保证充足的散射光，这样可以避免叶片被灼伤，也使叶子紧凑，颜色鲜亮。生长期可适当浇水，夏季应控制浇水，冬季如果温度不能维持在 10 ℃以上也要停止浇水。日常养护时，当叶面萎蔫，有皱皮现象出现时，要及时浇水。夏季持续闷热时，尽量用浸盆法，一个月浸盆一次。平时花盆应摆放在通风的地方。施肥要结合浇水进行，在水中将颗粒肥溶化，直接浇灌，注意要薄肥勤施，不要一次性施大肥。可以根据植株的长势，一年施肥 5～6 次。

4.16 晃玉属（*Frithia*）

晃玉属也叫光玉属，形似窗玉属。晃玉属植物叶顶端截形，透明。花深红色，有白心。常见栽培有光玉（*F. pulchra*）和菊晃玉（*F. humilis*）。光玉的顶端窗面有颗粒，叶片比菊晃玉粗，花紫红色；菊晃玉的顶端窗面也有颗粒，花白色到粉红色。

4.16.1 光玉（*F. pulchra*）

光玉植株矮小，肉质叶肥厚，呈棒状，整体排列成松散的莲座状（图 4－75）。叶灰绿色，先端稍粗，顶部为截形，截面透明（图 4－76）。花期在夏季，花单生，无梗，开黄心的浅紫色花或白心的深红色花（图 4－77）。从外形上看，光玉与五十铃玉非常相似，它们均有棍棒状叶，叶顶均有透明的“小窗”，均开小花，但二者花的颜色不同，叶片的排列形状也不同。此外，光玉的休眠期不明显，不能忍受持续高温。

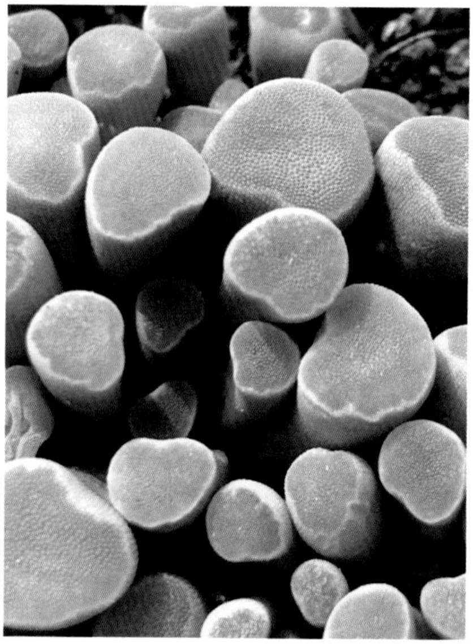

图 4－75　光玉（张维扬　供）

光玉喜半阴的环境，也可全日照，但要避免晒伤叶片。光玉适宜生长温度为 13～17 ℃，冬天温度不能低于 10 ℃。光玉的栽培基质可选择腐叶土、园土和粗沙混合。栽培光玉时用直径为 10～15 cm 的花盆，每年春季，换土一次。光玉不耐潮湿，要保持盆土稍干燥；生长期干透再浇透。夏季高温时，可喷雾降温，但要避免水喷洒在叶片上。生长期施肥时可用稀释的饼肥水或颗粒状复合肥，每月施肥一次。

图 4 - 76 光玉（张维扬 供）

图 4 - 77 光玉（张维扬 供）

4.16.2 菊晃玉（*F. humilis*）

菊晃玉植株矮小，肉质叶 6～9 片，排成松散的莲座状。叶灰绿色，棍棒形，先端稍粗，顶部截形，上有透明的窗或磨砂型的窗。菊晃玉的叶形和光玉很相似，但比光玉叶片整齐。花单生，通常无梗，粉白色。菊晃玉叶片一片挨着一片，在阳光下叶片会反射点点的太阳光，让整棵植物看起来非常漂亮。菊晃玉 11 月进入休眠期（图 4－78）。栽培养护方法同光玉。

（a）叶

（b）花

（c）休眠状态

图 4－78　菊晃玉（曹玉茹　供）

4.17 照波花属（*Bergeranthus*）

照波花属植物约有11种，植株低矮丛，锥形叶较短，肉质。常见栽培有照波（*B. multiceps*）、红瓣照波（*B. scapiger*）、夜花照波（*B. vespertinus*）等。代表种为照波，别名仙女花、黄花照波。

（1）照波的形态特征

照波是多年生肉质草本，植株无茎，矮小，初单生，后密集成丛生，株高5～6 cm，株幅6～10 cm。每单生植株基部有6～8枚叶片，放射状排列，肉质，柔软，长3～5 cm，宽0.6～1 cm，倒三棱线形，正面平坦，背部具龙骨状凸起，表皮光滑，密布透明小斑点，绿色至墨绿色。花金黄色，单生，雏菊状，花梗长2～3.5 cm，花直径2～2.5 cm，花期在夏季（图4-79）。蒴果肉质，种子极小，多数。

图4-79 照波（张维扬 供）

（2）照波的生态习性

照波喜温暖干燥和阳光充足的环境，不耐寒，耐干旱和半阴，忌水湿及烈日暴晒。照波需要肥沃、疏松、排水性良好的砂质壤土。照波生长适宜温度为18～24 ℃，冬季温度不应低于5 ℃。

（3）照波的繁殖方法

照波繁殖时使用扦插、分株、播种或组织培养等方法均可。最常用的方法是播种和分株繁殖，但都存在繁殖系数较低、扩繁速度较慢等问题，无法满足市场大批量生产需求，因此生产上多采用组织培养技术。

①扦插繁殖：剪取带有基部的叶片作插穗，扦插后保持温度18～20 ℃，经18～20 d可生根。

②植物组织培养繁殖：照波的组织培养技术流程是外植体选择—外植体消

毒—诱导培养—生根培养—驯化炼苗。

外植体选择：将照波置于植物组织培养室中暗培养 1 周左右，待茎段新生长度在 1 cm 左右时，选取生长良好、植株健壮的照波茎段作为外植体。用软毛刷小心清除茎段表面杂质，流水下冲洗 1 h 左右，置于洁净容器中，待消毒处理。

外植体消毒：先用体积分数为 75%的乙醇浸泡 8～10 s，无菌水冲洗 3～4 次，每次 2～3 min；再用质量分数为 3.0%的次氯酸钠浸泡 8～10 min，无菌水冲洗 4～5 次，每次 2～3 min；最后将消毒后的无菌材料置于无菌滤纸上吸干水分。

诱导培养：将消毒好的茎段接种到 MS+NAA 0.1 mg/L+6 - BA 1.0 mg/L 的培养基中，培养温度为 24 ℃±2 ℃，光照强度为1 800 lx，光照时间为 12 h/d，相对湿度保持在 80%。待不定芽长出，小苗生长到 15 mm 左右，将植株进行继代繁殖培养。

生根培养：选取长势较好，不定芽长 20～30 mm 的照波再生苗接种到生根培养基 MS+NAA 0.1 mg/L，蔗糖 3.0%，琼脂粉 0.8%，pH 值 5.8～6.0。培养条件：温度为 24 ℃±2 ℃，光照强度为1 800 lx，光照时间为 12 h/d，相对湿度 80%，培养 15 d 以上。

驯化炼苗：选取根系较为健壮且分枝较多的植株，打开瓶盖炼苗 4～5 d 后，取出试管苗，洗净根部琼脂，移栽到灭菌好的基质（珍珠岩和腐殖土的体积比为 1∶1）中，用塑料薄膜覆盖，早晚洒水以保持基质湿度，10 d 以后隔日洒水，移栽成活率可达到 90%。

(4) 照波的栽培养护技术

照波生长较快，栽培容易。照波栽培基质可用煤渣、泥炭配制，也可加入少量的赤玉土和兰石。种植盆宜稍大。春秋生长期浇水时要等盆土干透后再浇，浇则浇透，干湿交替进行，但要防止长期干旱与湿涝。夏季高温时需遮阴，忌暴晒，或置散射光充足处养护。照波开花时浇水要避开花朵。生长期每半月施一次薄肥，冬季休眠期应控水。照波有一定的抗寒力，盆土干燥时能忍耐 0 ℃低温，但最好能保持在 5 ℃以上。照波每年翻盆一次。

4.18 碧光玉属（*Monilaria*）

碧光玉属植物有分枝，粗壮的肉质茎具节，表皮灰褐色。叶肉质，两态：休眠期的叶短而粗，对生且高度连接，呈半球状；生长期的叶逐渐变长，呈细长棒状，正面平展，背面圆凸，密布透明的扁平疣状凸起。某些种类的叶在阳光充足且昼夜温差较大的环境中会呈橙红色。花白色，花期在冬春季。吸湿性蒴果，种子细小。

常见栽培种是碧光环（*M. obconica*），别名小兔子。碧光环具有枝干，易群生；叶子半透明，富有颗粒感；生长初期长相像小兔子，成年后叶片会耷拉下来（图 4－80）。花期为秋季。

图 4－80　碧光环（张维扬　供）

（1）碧光环的生态习性

碧光环喜温暖，喜阴，耐旱，较耐寒，忌强光暴晒。生长适宜温度为 15～25 ℃，夏季温度超过 35 ℃整个植株就会慢慢枯萎，进入休眠。冬季温度不低于 0 ℃。

（2）碧光环的繁殖方法

碧光环可用播种和扦插方法进行繁殖，以播种繁殖为主。

① 播种繁殖：播种在 9 月以后进行，一般温度控制在晚上 12～15 ℃，白天 24～27 ℃。碧光环种子十分细小，播种时均匀地撒在土表，不覆土，密播，忌在大盆里只播种几粒种子。播种后可用玻璃片盖盆，放在温暖湿润和能晒到阳光的地方，白天高温时可以掀开一角，晚上盖好，保持相对湿度 80%左右。发芽期为一个月左右。

② 扦插繁殖：在碧光环生长季节剪取健壮充实、具节的茎，阴晾几天，等伤口干燥后，插于基质中，即可生根成活。

（3）碧光环的栽培养护技术

碧光环根系比较发达，应使用较深的盆。在原产地，碧光环多生长在岩石缝隙或树荫下，因此栽培过程中需要避免阳光直射。

生长季节是从 9 月到翌年 3 月，生长期浇水应干透浇透，可施用薄肥，但是不能太频繁。生长旺季要避免强烈的阳光直射。

夏季休眠时，碧光环应放在阴凉干燥处。休眠期叶片完全干枯，仅留下高度连接的休眠叶，植株萎缩变小。休眠期不浇水。

冬季气温达到 0 ℃时，碧光环会进入休眠状态，需要断水。温度达到 5 ℃时，碧光环会慢慢地苏醒，这个时候可以浇透水。

当盆土排水性能不好时，碧光环易烂根，可以用透气性良好的土壤和较深的盆养殖，烂根之后先将植株拔出，清洗干净根系，切掉腐烂部位，晾晒 2～3 d，待切口愈合之后，再移栽到土壤湿度适宜的花盆中。如果是病虫害引起的烂根，需要剪除腐烂部位之后及时喷洒药剂，如用多菌灵灌根。

4.19 弥生花属（*Drosanthemum*）

弥生花属又叫枝干番杏属或泡叶菊属，全属约十几种。弥生花属植物是多年生肉质草本，叶片对生，花期在春季。肉质叶排列形似兔耳朵，形态奇特，具有较高的观赏价值。本属植物养护简便，繁殖容易，是番杏科多肉植物中较流行的栽培种类，最常见的是白花枝干番杏（*D. eburneum*）和枝干番杏（*D. ramulosum*）。

(1) 枝干番杏的形态特征

枝干番杏为多年生肉质草本，匍匐生长或密集丛生成小灌木状。老茎秆浅棕色，新生的茎秆绿色，茎秆较细，布满柔软的小绒毛，容易匍匐生长，每个匍匐在地上的叶片基部都容易萌发根系。每个叶片有高度肉质的玻璃状小颗粒，晶莹剔透，叶片对生，叶片间的间距相对较开。花白色或红色，花柄较长，直立向上，能够同株授粉，花期在春季（图 4－81）。蒴果肉质，种子褐色，极细小。

(2) 枝干番杏的生态习性

枝干番杏喜日照充足，温暖干燥的环境，怕积水荫蔽，忌极度干旱或烈日暴晒。适宜在中性、排水良好、颗粒较多且疏松的砂质壤土中生长。

(3) 枝干番杏的繁殖方法

常用的繁殖方法有播种、扦插和植物组织培养等。

① 播种繁殖：枝干番杏在播种之前，先在土壤的表面均匀地铺撒一层细沙，用喷壶将细沙润湿，再将种子均匀地撒在细沙上。由于枝干番杏的种子很小，也可以先将种子与细沙拌匀后再进行撒播。为了提高发芽率，需要密播，撒播后不用覆土。在枝干番杏的发芽期乃至苗期，都不能过于潮湿，以防发生腐烂，浇水时采用浸灌的方法。夏季要注意给幼苗遮阴。

图 4-81　枝干番杏（曹玉茹　供）

② 扦插繁殖：取健壮植株的成熟枝条，剪成 5～10 cm 长的小节，去除基部叶片，切口涂上草木灰或阴干半天左右，直接插入沙床中即可，保持一定的湿度，做到微湿而不积水，15～20 d 可生根。

（4）枝干番杏的栽培养护技术

应采用疏松透气、保水效果佳的基质，可以将营养土、蛭石、珍珠岩按体积比为 4∶6∶1 进行混合。生长期可以干透浇水，不浸盆。枝干番杏不耐晒，夏季一定要遮阴，放在明亮通风的散射光处，少给水。秋天温度下降后可以循序渐进地恢复给水，植株饱满就不需要补水，发现对叶有点萎靡就需要补水。生长期如果缺光，植株会伏倒，叶片也会相对较长，光线充足则叶片会粗壮且短小如微型香蕉状，并往茎秆中间弯。冬天需避免温度太低而冻伤，盆土干燥的状态下可耐－3 ℃低温。

4.20　奇鸟玉属（*Mitrophyllum*）

奇鸟玉属又叫奇鸟菊属，全属仅 6 种。直立茎肉质，较少，被干燥表皮。长在茎端的高度肉质化的变态叶有两种类型，生长期和休眠期不同类型叶片交替出现：休眠前期绿色对生叶高度接合成炮弹状，休眠中期叶表面出现一层黄白色干皮膜，生长期炮弹状肉质叶深裂成剑状叶。花期在冬季至春季，植株需异花授粉。

4.20.1 不死鸟（*M. grande*）

不死鸟是多年生草本，肉质，幼株单生，老株则丛生。对生叶从中部连合成肉质鞘，整个对生叶酷似一把钳子。叶表皮薄，有许多半透明的小点，叶高4～6 cm，叶片绿色至浅灰绿色（图 4－82）。花从两叶的中缝开出。怪奇鸟（*M. mitratum*）与不死鸟形态相似，但对叶比不死鸟要长（图 4－83）。

图 4－82　不死鸟
（引自乐趣园艺）

图 4－83　怪奇鸟
（张维扬　供）

不死鸟植株夏季休眠，其他季节生长。春天 4 月至 6 月是脱皮期，脱皮期比较长，其间要多晒，少水。夏季要遮阴。生长期不浸盆，干透浇水，不然新叶容易晒伤或者耷拉枯萎。

4.20.2 奇鸟菊（*M. dissitum*）

奇鸟菊常见有枝干奇鸟菊（图 4－84）和树形奇鸟菊（图 4－85）。枝干奇鸟菊在奇鸟菊中开花最早，也是长得最快的品种，一般实生植株 4 年后开花。树形奇鸟菊的枝干很长，每节 3～6 cm，具有迷你型蚬壳状叶子，花浅黄色。

图 4－84　枝干奇鸟菊
（周洪义　供）

图 4-85 树形奇鸟菊（引自乐趣园艺）

奇鸟菊 6 月至 8 月进入休眠期，其间不能完全断水，20～30 d 适量浇水一次，摆放在通风良好处，遮阴 60%～70%。每年的 9 月至翌年 5 月，晚上温度低于 16 ℃时奇鸟菊进入生长期，但低于 5 ℃停止生长，可以短时间抵御 0 ℃低温。生长期要求全日照，20 d 浇水一次，每次浇水要浇透。

4.21 菱叶草属（*Rhombophyllum*）

菱叶草属又叫快刀乱麻属，有 3 种。本属植物是丛生小灌木，具短茎。叶对生，基部连合，单叶稍侧扁，外缘呈龙骨状，叶尖 2 裂。花黄色。常见栽培有快刀乱麻（*R. nelii*）和青崖（*R. rhomboideum*）等。

（1）快刀乱麻的形态特征

快刀乱麻植株呈肉质灌木状，高 20～30 cm，茎有短节，多分枝。叶集中在分枝顶端，对生，细长而侧扁，肥厚肉质，长约 1.5 cm，先端两裂，外侧圆弧状，好似一把弯刀，叶淡绿至灰绿色（图 4-86）。花黄色，直径约 4 cm，花期在 6 月至 8 月（图 4-86）。快刀乱麻叶形奇特，常作为小型多肉盆栽来栽培。

（2）快刀乱麻的生态习性

快刀乱麻原产于南非的石灰岩地带，喜阳光充足和温暖、干燥的环境，忌闷热潮湿，不耐寒，耐干旱和半阴，夏季高温休眠。

图 4-86　快刀乱麻（张维扬　供）

(3) 快刀乱麻的繁殖方法

快刀乱麻常用的繁殖方法是扦插繁殖。可在生长季节剪取带叶的分枝作为插穗，插穗宜晾 1～2 d，否则易腐烂，插后不可浇水过多，保持稍有潮气即可。

(4) 快刀乱麻的栽培养护技术

快刀乱麻在番杏科中属于中等肉质的灌木，但栽培较同类型灌木状种类要困难。培养土用腐叶土、园土、粗沙混合，加适量石灰质材料。快刀乱麻的生长适宜温度为 15～25 ℃，温度过高，植物会萎蔫。夏季有短暂休眠，其间要适当遮阴，空气湿度较低时需及时补充水分，也可通过喷雾增加空气湿度。春季、初夏和秋季是植株的生长期，要经常浇水，保持土壤湿润而不积水。生长期每周浇一次水，每半个月施肥一次。生长期需要接受充足日照株形才会更紧实美观，日照太少则叶色绿，叶片排列松散，叶间距拉长。冬季需放置在室内阳光充足处养护，保持盆土干燥，如果温度能维持在 12 ℃以上，可适当浇水，使其继续生长，最低能耐 5 ℃的低温。开花期需要及时补充水分，否则花朵极易凋谢。

快刀乱麻每 2～4 年在春季换盆一次。换盆时同时换土。盆径要比株径大，可促进植株成长。早春扦插成活的新株抵抗力比老株强，可以不断繁殖更新植株。

快刀乱麻在花期，植株孱弱，容易受到蚜虫危害，可用 20％的灭蚜威乳油 2 000倍液喷杀。叶斑病侵害快刀乱麻后，叶片出现褐色斑点，可喷洒 65％的代森锰锌可湿性粉剂 600 倍液进行防治。

4.22 菱鲛属（*Aloinopsis*）

菱鲛属又叫鲛花属、唐扇属、芦荟番杏属。菱鲛属植物是小型的多年生肉质草本，有强壮的肉质根，植株丛生，贴地生长，几乎无茎。叶近似匙形，叶先端呈钝圆三角形，排列成松散的莲座形，叶面和叶缘有小疣突。花期为春末夏初。

菱鲛属和天女玉属形态上非常相似，叶缘都有突点（疣点），叶莲座状排列。但菱鲛属叶较小。菱鲛属常见栽培种类见表 4－28，其他还有旭波（*A. albinota*，图 4－87）、辻鲛（*A. thudichumii*，图 4－88）、菱鲛（*A. rosulata*，图 4－89）、锦辉玉（*A. orpenii*，图 4－90）、虎鲛（*A. peersi*，图 4－91）、豹鲛（*A. hilmarii*）和绯双扇（*A. spathulata*）等。

表 4－28 菱鲛属常见栽培种类

名称	拉丁名	特　征	图片（引自多肉联萌）
唐扇	*A. schooneesii*	肉质叶 8～10 片，排列成松散的莲座形。叶近似匙形，先端呈钝圆三角形，比下部厚，叶蓝绿色或褐绿色，密布深色舌苔状小疣突。花朵直径 1～2 cm，花色黄红相间，有丝绸般的光泽。花期在春末夏初	
天女琴	*A. setifera*	茎极短，常多头群生，植株单头莲座状。叶匙形、对生、基部连合，前端呈三角状，叶上表面平坦，下表面朝着基部倒圆，叶前端、叶背密布细小的白色疣突，并伴有明显长齿状白色凸起，叶基下部光滑，绿色到微泛褐色。冬末春初开花，小花雏菊状，黄到橙色	

（续表）

名称	拉丁名	特　　征	图片（引自多肉联萌）
天女舞	*A. villetii*	植株单头莲座状。叶匙形、对生、基部连合，叶上表面平坦，下表面朝着基部倒圆，叶前端、叶背密布白色疣突，叶基下部光滑，叶绿色到微泛红	
天女绫	*A. lodewykii*	茎极短，常多头群生，植株单头莲座状。叶匙形、对生、基部连合，叶上表面平坦，下表面朝着基部倒圆，叶前端、叶背密布细小的白色疣突，并伴有较大白色疣突，叶基下部光滑，叶绿色到灰蓝色	
天女舟	*A. acuta*	植株单头莲座状。叶长三角状、对生、基部连合，叶上表面平坦，叶背三角状凸起，叶前端渐尖、叶面有细小的颗粒感，叶绿色到灰蓝色。冬末春初开花，小花雏菊状，黄到橙色	
天女裳	*A. luckhoffii*	植株单头莲座状。叶匙形、对生、基部连合，叶上表面平坦，下表面朝着基部倒圆，叶前端、叶背密布白色疣突，并伴有齿状白色凸起，叶基下部光滑，叶绿色到微泛红	

（续表）

名称	拉丁名	特　　征	图片（引自多肉联萌）
天女云	*A. malherbei*	植株单头莲座状。叶匙形至扇形、对生、基部连合，顶端略截形，叶正面光滑，叶背密布小疣突，叶缘也布满小疣突，并伴有白色齿状凸起，叶绿色到灰蓝色	
花锦	*A. rubrolineata*	小型的多年生肉质草本。幼株单生，老株则密集丛生。对生叶基部连合成肉质鞘，两缘和叶背的龙骨较硬，线条明显，叶表有凸起的小疣点，叶浅绿色至深绿色。花从两叶的中缝开出，白红相间，直径 2～3 cm，每株 1 花	

图 4-87　旭波（引自乐趣园艺）

图 4－88　辻鲛（引自乐趣园艺）

图 4－89　菱鲛（引自乐趣园艺）

图 4－90　锦辉玉（引自乐趣园艺）

图 4－91　虎鲛（引自乐趣园艺）

代表品种唐扇是小型的多年生肉质草本。株形奇特，肥厚的肉质叶自然质朴，酷似一粒粒小石子；花色黄红相间，有丝绸般的光泽，色彩明媚灿烂，很像熠熠发光的“小太阳”（图 4－92）。花通常在阳光充足的午后开放，傍晚闭合，第二天照旧开放、闭合，如此昼开夜闭，单朵花可持续开放 3～5 d。

唐扇叶的大小和排列都酷似天女（*Titanopsis calcarea*），但比天女栽培容易，是一种易于普及的番杏科多肉植物，非常适合家庭栽培。唐扇适合用小盆栽种，陈设于窗台、阳台、桌案等处，精巧雅致，颇有特色。

图 4-92 唐扇叶与花（张维扬 供）

(1) 唐扇的生态习性

唐扇喜温暖、干燥和阳光充足的环境，耐干旱和半阴，忌积水，既怕酷热，也不耐寒。盆土要求疏松肥沃、排水和透气性良好，含有适量的石灰质，可用腐叶土和蛭石按体积 2∶1 混合。

(2) 唐扇的繁殖方法

唐扇可以分株、扦插和播种繁殖。

① 分株繁殖：在秋季换盆时进行分株繁殖。将丛生的唐扇植株分开，晾 3 d 左右，伤口干燥后栽种即可，有根无根都能成活。新上盆的植株浇水要少，可在土壤干燥时喷些水，保持其基质稍湿润，以促进根系的恢复和生长。

② 扦插繁殖：在生长季节剪取唐扇健壮的肉质根，晾 3～5 d，待伤口干燥后插于基质中，保持基质半干即可生根。

③ 播种繁殖：播种一般在秋季进行。因种子细小，播后不宜覆土过厚。用玻璃或塑料薄膜将花盆罩上保湿，以利于种子发芽，采用洇灌的方法浇水，播后 1 周左右出苗。出苗后逐渐去掉玻璃或塑料薄膜，加强通风，避免因闷热和潮湿导致小苗腐烂。

(3) 唐扇的栽培养护技术

春秋季是唐扇的生长季，可给予充足的光照，如果光照不足会造成植株徒长，株形松散，叶片变得瘦长，而且难以开花。生长期浇水掌握“不干不浇，浇则浇透”的原则，避免盆土积水，也要避免雨淋。每月施一次腐熟的稀薄液肥或低氮、高磷、高钾的复合肥，施肥时勿将肥水溅到植株上，以免引起腐烂。

夏季高温时，植株处于休眠或半休眠状态，生长缓慢或完全停滞，宜放在通风良好处养护，适当遮光，避免烈日暴晒和雨淋，并控制浇水，防止因闷热、潮湿而造成植株腐烂。植株处于休眠状态时，不能施肥。秋凉后植株恢复生长时再恢复正常管理。

冬季植株应放在室内阳光充足的地方，温度不低于 10 ℃，有一定的昼夜温差时，可正常浇水，使植株继续生长；温度如果不能保持在 10 ℃以上，则控制浇水，保持土壤适度干燥，使植株休眠，能耐 3～5 ℃的低温。

根据植株的生长情况，每 1～2 年翻盆一次，一般在春季或秋季进行，而在温室条件下或其他较为温暖的环境中，冬季也可以翻盆，但要避开夏季高温时翻盆。翻盆新栽的植株不要多浇水，保持土壤稍有潮气，以利于根系的恢复和生长，待新叶长出时再进行正常管理。

高温潮湿易引起唐扇烂根，尤其是夏季高温时，如果通风不好，或光照不足，或水量过多，都会让唐扇的根腐烂。另外梅雨季节室外露养时如果长期淋雨，也容易导致唐扇烂根。唐扇烂根的解决方法是直接切除烂根，放在阴凉处晾晒之后重新上盆，因为唐扇的生根能力很强，根系切除以后能重新发根。

唐扇常见虫害是介壳虫。一旦发现，立即刷除，并喷洒药剂。

4.23 天女玉属（*Titanopsis*）

天女玉属又叫天女属，约有 10 种。天女玉属植株贴地丛生，肉质叶排列成松散的莲座状。叶长匙状水平展开，淡绿至灰绿色，先端宽菱形，叶面和叶缘布满石细胞组成的白色小疣，粗糙感十足，会随养护环境变成灰红或者黄色，在砂砾石中很难被发现（图 4－93）。花雏菊状，多黄色，秋冬季开花。天女玉属常见栽培种（品种）见表 4－29，其中天女与天女冠两者形态相似，但天女的叶前端更扁平，天女冠叶前端更肥厚；天女叶色不会变红，天女冠疣突颜色较多变，泛黄、泛白、发红。

图 4－93　几种天女玉属植物群植（引自多肉联萌）

表 4-29 天女玉属常见栽培种类

名称	拉丁名	特　征	图片（引自多肉联萌）
天女	*T. calcarea*	天女茎短，多分枝易群生，植株单头莲座状。叶长匙形（长约 2.5 cm），对生，叶前端截形，宽而扁，布满白色大小不一的疣点，叶中端到基部渐窄，光滑无疣点。叶绿色到灰绿色。天女秋冬开花，小花雏菊状，黄色	
天女冠	*T. schwantesii*	天女冠茎短，多分枝易群生，植株单头莲座状。叶长匙形（长约 3 cm，宽约 1 cm），对生，叶前端宽而肥厚，钝形，布满白色到黄色磨砂般疣突；叶中端到基部渐窄，光滑无疣点。叶绿色到灰绿色。天女冠早春开花，小花雏菊状，花直径 1.5～1.8 cm，金黄色	
天女杯	*T. luederitzii*	天女杯茎短，多分枝，易群生，植株单头莲座状。叶长匙形，对生，叶前端截形，肥厚，布满大小不一的黄色疣点，天女杯叶中端到基部渐窄，光滑无疣点。叶绿色	

（续表）

名称	拉丁名	特　　征	图片（引自多肉联萌）
天女扇	*T. hugoschlechteri*	天女扇茎短，多分枝，易群生，植株单头莲座状。叶长匙形，对生，叶前端截形发红或发黄，肥厚，布满疣点大小不一，常泛黄，中端到基部渐窄，光滑无疣点。叶绿色发白或发红。花黄色	
天女影	*T. primosii*	天女影株型同天女。叶长匙形，前端截形，肥厚，布满大小不一的白色疣点，叶片较直立紧凑。叶淡草绿色。花淡黄色，秋冬季开花	

（1）生态习性

天女玉属植物原产于南非西南部的石灰岩地区，雨季在冬季，因此天女玉属植物属于冬型种。秋冬季开花，一般每株只开一朵。

（2）栽培养护技术

种植基质可选择疏松透气的泥炭或椰糠，加入颗粒土配制，颗粒土占比可较高。花盆选择深盆。天女玉属习性强健，易养护，夏季高温期休眠，应保持相对干燥，注意遮阴、通风、控水，盆土潮湿易导致植株腐烂。其余季节可充分日照或半日照，如果光照不足，植株易摊开，叶片底部泛白。冬季温度低于 5 ℃时，保持盆土干燥，生长期室内光照不足时，也应该控水，否则植株容易徒长。

4.24　光琳菊属（*Oscularia*）

光琳菊属又叫琴爪菊属、履盆花属。常见栽培是白凤菊（*O. pedunculata*）。

（1）白凤菊的形态特征

白凤菊也称姬鹿角，多年生肉质植物，大株呈亚灌木状，匍匐或直立；老枝茎干呈棕红色，嫩枝稍带浅红色或黄绿色；叶着生于茎节处，肉质多汁，三棱形，边缘有小锯齿；花顶生，头状花序，花瓣呈淡紫色，花药呈黄色，花期在春末夏初（图 4－94）。白凤菊叶形奇特，花色娇艳，是深受人们喜爱的新兴多肉植物品种。白凤菊虽然别名姬鹿角，但和鹿角海棠有明显区别：一是白凤菊容易分枝，且长得快，容易长成一大捧，而鹿角海棠基本不分枝，或分枝少，长得慢；二是白凤菊可以晒白，而鹿角海棠一直是绿色；三是白凤菊叶缘有小尖，刺状，小尖还会变红，而鹿角海棠叶缘则没有小尖（图 4－95）。

图 4－94　白凤菊（张维扬　供）

图 4－95　白凤菊（左）与鹿角海棠（右）

(2) 白凤菊的生态习性

白凤菊喜温暖干燥和阳光充足的环境，耐旱，怕水湿，在阴湿环境中生长不良，高温夏季会有短暂休眠或休眠期不明显。

(3) 白凤菊的繁殖方法

白凤菊的繁殖方法主要有分株和扦插繁殖。扦插繁殖时，剪下枝条，在阴凉通风处晾至伤口愈合后，插于土壤即可。

(4) 白凤菊的栽培养护技术

白凤菊要求土壤疏松透气、排水性好，栽培时可用泥炭、蛭石和珍珠岩混合，表面铺上粗颗粒的河沙。

白凤菊是春秋型种，生长适宜温度为 15～25 ℃，冬季温度保持在 5 ℃以上时可避免发生冻害，夏季温度高于 35 ℃时植物进入休眠，需要遮阴，并放在明亮通风的散射光处。

白凤菊生长期要干透浇透。夏季进入休眠时，保持盆土偏干，适时浇水。秋天温度下降后可以循序渐进地恢复给水。冬季断水，或浇少量的水，防止植物发生冻害。

白凤菊对肥料要求不高，生长期可每月施一次缓释肥，施肥遵循少量多次的原则，休眠期要停止施肥。

4.25 亲指姬属（*Dactylopsis*）

亲指姬属又叫手指玉属，常见栽培是亲指姬（*D. digitata*），也称手指玉，容易群生，其植株表面有轻微白粉，叶片长得像小指头（图 4－96）。

图 4－96 亲指姬（引自《多肉植物图鉴》）

(1) 亲指姬的生态习性

亲指姬原产于南非，多生长在地表有各种砾石的热带沙漠中。亲指姬性喜阳光充足和凉爽、干燥的环境，耐干旱，忌积水，有一定的耐寒性，忌闷热和潮湿；夏季高温期间休眠，冷凉季节生长。

(2) 亲指姬的栽培养护技术

每年 9 月至翌年 5 月初是其生长期，应放在阳光充足、空气流通处养护，保持土壤偏干状态，勿积水。初夏亲指姬的老皮慢慢干枯，养分提供给了新植株，老皮干如薄翼，整个覆盖在新植株上，此时需要遮阴、断水且通风。休眠期的单头亲指姬基本就只剩小疙瘩，此时要遮阴，秋天恢复给水就会恢复生长。

冬季植株需避免温度太低而冻伤，在盆土干燥的状态下能耐 −3 ℃低温，温度升到 5 ℃会正常生长。因亲指姬生长缓慢，需养分少，栽培中不必施肥过多，可在上盆时施入颗粒状缓释复合肥料。

4.26 夜舟玉属（*Stomatium*）

夜舟玉属又叫齿舌叶属、楠舟属，常见栽培是芳香波（*S. niveum*），植株矮小，通体碧绿色，因为它植株形状非常像鸡爪，又被人称为鸡爪翠。芳香波叶片圆柱形，表面有很多突起的小颗粒，像一根根青葱，小巧清新，绿意盎然。春季开有香味儿的黄色花朵（图 4－97），是多肉植物中开花带有香味的品种之一。

图 4－97 芳香波（张维扬 供）

(1) 芳香波的生态习性

芳香波原产于非洲南部地区。喜温暖、干燥和阳光充足的环境，不耐寒，忌水湿和酷暑，对水分需求少，夏季与冬季休眠。

(2) 芳香波的繁殖方法

繁殖方法主要是分株、扦插，也可以播种繁殖。扦插繁殖可在春季或秋季，选取健壮的茎段剪下，放于阴凉处晾干伤口，然后插入土中。其间少喷点水保持土壤微湿，20 d 左右会生根。分株繁殖在春季或秋季进行，分株时选健壮植株连根挖起，将其分切成数株，移栽即可。播种繁殖在春季进行，一般发芽比较慢。

(3) 芳香波的栽培养护技术

芳香波的生长适宜温度为 15～25 ℃，冬季不低于 10 ℃。栽培基质一般可用泥炭、蛭石和珍珠岩混合。生长期浇水不宜多，保持盆土稍湿润即可，生长期施肥一般每月一次。夏季休眠期要控水、通风、遮阴、停肥。

4.27 旭峰花属（*Cephalophyllum*）

旭峰花属又称旭峰属、帝王番杏属、绘岛属。常见栽培是旭峰（*C. alstonii*）和奔龙花（*C. framesii*）。幼株单生，老株则密集丛生。叶片肉质，半圆形，棒状；叶高 5～10 cm；叶十字交互对生，基部连合；叶绿色至灰绿色。花红色，直径3～5 cm，初春开花（图 4－98），中午阳光下开放，傍晚时自动闭合，待次日再开，可连续开 3～5 d。

图 4－98 旭峰

（李茂 摄）

(1) 旭峰的生态习性

旭峰喜温暖干燥和阳光充足的环境，不耐寒，耐半阴和干旱，怕水湿和强阳光暴晒。夏天有轻微休眠，其他季节生长。

(2) 旭峰的繁殖方法

旭峰的繁殖方法主要是播种繁殖，一般在每年的 4 月至 5 月进行播种，将成熟的种子收集好，经过剥皮—清洗—浸泡的程序，然后将种子均匀撒在装有基质的种植容器内，用一层细沙盖住种子，半个月后即可发芽。发芽后，夏季时需要注意通风和适当庇荫，秋季时注意给予较充足的水分，冬季注意保持盆土的干燥，幼苗在7 ℃以上便可安全越冬。

(3) 旭峰的栽培养护技术

夏天需要遮阴、通风、断水和充足的散射光。生长期可以全日照，如果光照少了叶片容易徒长，叶片也更加脆弱；浇水时干透浇水，不浸盆。冬天需避免温度太低而冻伤，成株盆土干燥的状态下能耐－3 ℃低温。

4.28 魔玉属（*Lapidaria*）

魔玉属为单属单种，只有一种魔玉（*Lapidaria margaretae*），原产于纳米比亚及南非北部峡谷地区。

(1) 魔玉的形态特征

魔玉具短茎，叶对生，每两叶基部连合，前端分开，两缘和叶背的龙骨较硬，线条显明。花黄色，白天开放，夜晚闭合（图 4－99，图 4－100）。魔玉与藻玲玉属的白魔及春桃玉属的幻玉外形相近，但魔玉有 2～4 对叶，单叶长 1～2 cm，宽约1 cm，花直径约为 5 cm，开花时能完全遮住植株。

图 4－99 魔玉
（曹玉茹 供）

图 4－100 魔玉
（曹玉茹 供）

(2) 魔玉的生态习性

魔玉生长在平原峡谷的荒漠沙地或石缝中，常与生石花混生；喜温暖干燥气候。冬夏季节休眠，春秋季节生长。

(3) 魔玉的栽培养护技术

魔玉的种植基质要求颗粒多，透气性好，可少量添加底肥。魔玉喜全年光照充足的环境，在温暖且水量丰沛的情况下生长迅速；生长季可1～2周浇一次水；冬季能耐−4 ℃的低温。

4.29 怪奇玉属（*Diplosoma*）

怪奇玉属常见栽培是怪奇玉（*Diplosoma retroversum*），又称玉藻。

(1) 怪奇玉的形态特征

怪奇玉叶片肉质，对生，叶片呈“T”形，叶片内侧凹陷（图4-101）。叶表面少量分布着透明状凸起的疣点，在阳光下晶莹剔透。花浅粉红色或者白色，昼开型，秋季开花。

图4-101　怪奇玉（周洪义　供）

(2) 怪奇玉的生态习性

怪奇玉不容易群生，属冬型种，夏季休眠，是能深度休眠的品种，其他季节为生长期。

(3) 怪奇玉的栽培养护技术

怪奇玉春末开始进入干枯休眠期，需要放在明亮通风的散射光处少量给水。

秋天循序渐进地恢复给水，半日照养护，干透浇透。冬季需避免温度太低而冻伤，盆土保持干燥，在干燥的状态下能耐－3 ℃低温。

4.30 梅厮木属（*Mestoklema*）

梅厮木属又叫圣冰花属，本属植物根系发达，古雅清奇，萌发力强，耐强剪，因茎枝略呈肉质，易撕裂，适合制作多种造型的盆景，尤其适合制作提根式盆景，成为盆景新植物材料来源。常见栽培有块茎圣冰花（*M. tuberosum*）、木本梅厮菊（*M. arboriforme*）等。

图 4－102 块茎圣冰花

（引自《多肉植物图鉴》）

（1）块茎圣冰花的形态特征

块茎圣冰花根茎较细，有分枝，表皮橙色，有皴裂和蜡质光泽；肉质叶绿色，棒状，稍下垂，有细小的瘤状疣突（图4－102）；小花橙红色。木本梅厮菊的形态与块茎圣冰花相似，其根茎膨大，肥硕，表皮棕褐色，有纵裂；小花白色。

（2）块茎圣冰花的生态习性

块茎圣冰花喜温暖干燥和阳光充足的环境，不耐阴，耐干旱，怕积水，适宜在疏松透气、排水良好的土壤中生长。

（3）块茎圣冰花的栽培养护技术

栽培养护时勿使土壤积水，及时抹去茎枝上多余的萌芽，将过长的枝条短截，以形成紧凑而疏朗的株形。

4.31 天赐木属（*Phyllobolus*）

天赐木属常见栽培有天赐（*P. resurgens*）和淡青霜（*P. tenuiflorus*）等。天赐别称八爪鱼，植株具不规则块根，表皮灰绿色，有分枝，在阳光充足的环境中新枝呈紫红色；叶簇生于枝的顶端，肉质、细长棒状、绿色，密布亮晶晶的吸盘状小疣突（图 4－103）；花白色或略微带绿色，春天开放。天赐块根古雅，绿叶婆娑，花色素雅清新，除作为小型盆栽外，还可利用其植株矮小、枝干虬曲苍劲、萌发力强、耐修剪、耐干旱的特点，制作微型盆景。

(1) 天赐的生态习性

天赐喜凉爽干燥和阳光充足的环境，耐干旱，怕积水。生长期主要集中在春秋季节。

(2) 天赐的繁殖方法

天赐在冷凉季节进行播种或扦插繁殖。播种繁殖时，因种子细小，播后不必覆土，但要覆盖塑料薄膜或玻璃片进行保湿。扦插繁殖时，可剪取健壮充实的茎段作为插穗，插前晾 3～5 d，等伤口干燥后进行扦插，以防腐烂。

图 4－103 天赐
（周洪义 供）

(3) 天赐的栽培养护技术

天赐在生长期应给予充足的阳光，否则会因光照不足造成植株徒长，茎枝纤弱细长，容易折断。天赐对水分较为敏感，缺水时枝叶萎蔫下垂，浇水后很快就会恢复正常状态，因此生长期掌握“不干不浇，浇则浇透”的原则，生长期如盆土积水或长期干旱，都不利于植株正常生长。生长期每 20～30 d 施一次稀薄液肥，以提供充足的养分，促使植株生长健壮。

夏季高温时植株生长缓慢或完全停滞，应放在通风凉爽处养护，并控制浇水，停止施肥。冬天植株应置于阳光充足的室内，控制浇水，温度不低于 0 ℃可以安全越冬。

翻盆在春季或秋季进行，基质要求疏松透气，有一定的肥力，具有良好的排水性，可用草炭土与蛭石、珍珠岩、炉渣等混合配制。

利用天赐制作直干式、斜干式、悬崖式、临水式等不同造型的盆景时，由于其茎枝较脆，稍微一碰就断，造型时可利用桩子的自然形态，因势利导，精心构思，删繁就简，使其错落有致，层次分明。如果需要牵拉，应控水一段时间，等枝条变得柔软时再进行，并注意掌握力度，以免折断。此外，还可利用植物的趋光性及向上生长的趋势，使需要伸展的枝条朝着阳光，以达到理想的效果。

4.32 群鸟玉属（*Meyerophytum*）

群鸟玉属有4种，常见栽培是冰糕（*M. meyeri*）。冰糕老株呈丛生状。肉质叶基部连合成肉质鞘，分成两个叶片，形似小兔子的耳朵（图4-104）。叶片内侧平，叶背为半圆弧状，叶尖圆弧状，叶面密布透明的小颗粒，顶部圆钝。叶绿色，在强光下呈红色。花粉红色或白色，在阳光充足的下午开放，夜晚闭合，持续一周左右。冰糕属于夏型种。

图4-104 冰糕（张维扬 供）

4.33 角鲨花属（*Nananthus*）

角鲨花属又叫昼花属、纳南突斯属、平原玉属，本属有20余种。本属植株的叶形紧凑，株丛低矮（图4-105），有着非常强健粗壮的肉质根系，花朵颜色丰富，有紫色、红色、黄色、粉色、金色、银色、白色等，花期在冬春季，午后开花，下午关闭。因其花形精致，花色丰富，养护粗放简便，成为多肉花卉爱好者收集的新品。最近几年国内才有种植，它没有贴切的中文名字，常见栽培有：*N. transvaalensis*，*N. margaretiferus*。

图4-105 *Nananthus sp.*（引自《多肉植物图鉴》）

(1) 生态习性

角鲨花属植物耐高温和高湿，极耐寒，大部分都能抵御－12 ℃低温，个别品种可以抵御－23 ℃低温。

(2) 栽培养护技术

角鲨花属植物养护方法简便，栽培容易。基质采用泥炭、颗粒土按体积 1∶1 混合。植株生长期干透后再浇水，休眠期（6 月至 8 月）需遮阴 60%，一个月浇水一次。栽培时无须施肥。角鲨花属植物可以室外养护。

4.34 番杏属（*Tetragonia*）

番杏属植物有 50～60 种，分布在非洲、亚洲东部、澳大利亚、新西兰等地。本属植物是肉质草本或半灌木，枝无毛、有毛或具白亮小颗粒状凸起（针晶体）。番杏的茎直立、斜升或平卧；叶互生，扁平，全缘或浅波状，无托叶；花两性，小型，花梗有或无，单生或数个簇生叶腋，绿色或淡黄绿色；果实坚果状，陀螺形或倒卵球形，顶部常凸起或具小角；种子近肾形。我国栽培有 1 种即番杏（*T. tetragonioides*），主要作为蔬菜。

(1) 番杏的形态特征

番杏又叫法国菠菜、新西兰菠菜，是一年生肉质草本，全株表皮细胞内有针状结晶体，呈颗粒状凸起。茎圆形，淡绿，初期直立生长，从基部开始生分枝，有分枝后匍匐生长，分枝能力强，每个叶腋都能发出新侧枝。叶片嫩绿，肉质，互生，卵状三角形，叶面密布银色细毛；叶长 4～10 cm，宽 2.5～5.5 cm，边缘波状；叶柄肥粗，长 5～25 mm（图 4－106）。花单生或 2～3 朵簇生叶腋，黄绿色，不具花瓣（图 4－107）。坚果陀螺形，长约 5 mm，具钝棱，成熟后呈褐色，附有宿存花被，具数颗种子。花果期 8 月至 10 月。

图 4－106　番杏
（张思宇　供）

图 4－107 番杏的花（张思宇 供）

（2）番杏的生态习性

番杏喜温暖，喜砂质壤土，耐热，耐寒，耐干旱（图 4－108），耐盐碱，喜湿怕涝。种子发芽适宜温度为 25～28 ℃，低温条件下发芽缓慢。生长适宜温度为 20～30 ℃，盛夏 35 ℃高温可正常生长，但生长缓慢，品质变劣。番杏可耐－2 ℃低温，冬季无霜地区可露地越冬。

图 4－108 番杏的生长环境（张思宇 供）

(3) 番杏的繁殖方法

① 播种繁殖。番杏可直播也可育苗移栽，但番杏根系再生能力弱，伤根后缓苗极缓慢，所以育苗应采用穴盘或营养钵育苗。保护地可周年播种，周年生产。采取直播的，一般需要 20 d 以上才能出苗，667 m^2播种量为 2～2.5 kg。播种前用温汤浸种催芽，方法是先将种子适当研磨，再在 45～50 ℃温水中浸泡 24 h，最后放在 20～25 ℃湿润条件下催芽，待大部分种子膨胀微裂时播种。

② 植物组织培养繁殖。将番杏果实在浓硫酸中浸泡约 1 h，流水冲洗 30 min，在超净台内用体积分数为 70%的乙醇浸泡 2～3 min，用无菌滤纸吸干或酒精灯火焰烤干；再用质量分数为 0.1%的升汞浸泡 10 min，无菌水冲洗 3～4 次，以无菌手术刀轻轻刮去果实被腐蚀的部分，然后将其接种于培养基 3/4MS+NAA 0.1 mg/L+1.5%蔗糖中，1 周后种子长出无菌苗。剪取顶芽与茎段，接种到芽分化培养基：MS+6－BA 1.0 mg/L+NAA 0.1 mg/L+3.0%蔗糖，10 d 后顶芽长成丛生芽，再将丛芽切成单芽或带 1 个腋芽的茎段，继续转到芽分化培养基上，3 周后，每个芽又可分化丛生芽。切取长度约 0.5 cm 的不带腋芽的茎段，置于诱导愈伤组织与分化培养基（MS+6－BA 1.0 mg/L+2，4－D 0.5 mg/L+3.0%蔗糖）上。3 周后，茎段周围出现白色松脆的愈伤组织。剥离白色松脆的愈伤组织继续置于愈伤组织与分化培养基上，2 个月后，部分白色愈伤组织上出现绿色芽点。随着时间的推移，绿色芽点不断膨大，其中部分形成正常绿苗。将苗切下转到 3/4 MS+NAA 0.1 mg/L+1.5%蔗糖培养基上诱导生根。7 d 后开始陆续出根，3 周后可有多条须根形成。移栽前，敞瓶炼苗 3～4 d，取出瓶苗洗净后，栽至装有蛭石的塑料杯中，杯上罩玻璃烧杯保湿，4 d 后昼覆夜敞，2 周后可除掉玻璃杯。3 周后，试管苗长出新根，再将其移入装有蛭石与园土（体积比2∶1）的盆中。

(4) 番杏的栽培养护技术

番杏对种植条件及土壤要求均不高，弱光强光均可生长，对温度适应范围很广，热带和温带地区很容易成活，因而我国大部分地区均适合栽培，基本能实现全年供应。

番杏种植密度为每 667 m^2 种植3 000～4 000株，株行距 30 cm×50 cm。保护地保持日温不低于 15 ℃，夜温不低于 10 ℃，整个生长期浇水要均匀，见干见湿。每次采收后要进行追肥，追肥以氮肥为主，同时注意及时中耕除草。苗期结合间苗可收获小苗，一般播种后 50 d 开始陆续采收嫩茎尖，每 10 d 左右采收一次，可采收至霜期。由于番杏长势很强，需注意株形修整，否则食用率低，影响产量。所以第一次采收后，主茎发出的许多侧枝，保留 2～3 条健壮枝条，将其余枝摘除，在以后采收过程中若发现长势不好的枝条也可随时摘除。

番杏抗病虫害能力很强，在栽培过程中一般很少发生病虫害，主要病害有枯萎病、炭疽病等。病害的发生多与肥水过多有关，因此在栽培养护时要适度浇水、加强通风，使畦面干湿适宜以增强根系活力。根据生长情况合理追肥，促进植株稳生稳长，增强抗病力。田间发现病株要及时移除并杀菌消毒，防止病害蔓延。番杏的主要害虫是小菜蛾，一般在小菜蛾多发季节加盖防虫网。

附表　番杏科分亚科与分属表

亚　科	族	属
1. 海马齿亚科 Subfam. Sesuvioideae Lindl.	01. 弯枝番杏族 Tr. Anisostigmateae Klak	001. 弯枝番杏属 *Anisostigma* Schinz
		002. 蒺藜番杏属 *Tribulocarpus* S. Moore
	02. 海马齿族 Tr. Sesuvieae Fenzl	003. 海马齿属 *Sesuvium* L.
		004. 裂盖马齿属 *Zaleya* Burm. f.
		005. 假海马齿属 *Trianthema* L.
2. 景天番杏亚科 Subfam. Aizooideae Spreng. ex Arn.	03. 景天番杏族 Tr. Aizoeae Rchb.	006. 隆果番杏属 *Aizoanthemum* Dinter ex Friedrich
		007. 景天番杏属 *Aizoon* L.
	04. 番杏族 Tr. Tetragonieae Fenzl	008. 五棱番杏属 *Aizoanthemopsis* Klak
		009. 蓬番杏属 *Gunniopsis* Pax
		010. 番杏属 *Tetragonia* L.
3. 半隔番杏亚科 Subfam. Acrosanthoideae Klak		011. 半隔番杏属 *Acrosanthes* Eckl. & Zeyh.
4. 日中花亚科 Subfam. Mesembryanthemoideae Burnett	05. 离瓣冰花群 Volkeranthus Group	012. 离瓣冰花属 *Volkeranthus* Gerbaulet
	06. 日中花族 Tr. Mesembryanthemeae Benth. & Hook. f.	013. 叠盘玉属 *Synaptophyllum* N. E. Br.
		014. 银节柱属 *Psilocaulon* N. E. Br.
		015. 日中花属（龙须海棠属）*Mesembryanthemum* L.，nom. et typ. cons.
		016. 黄霄花属 *Eurystigma* L. Bolus
		017. 藕节柱属 *Brownanthus* Schwantes
		018. 玉指木属 *Aspazoma* N. E. Br.
		019. 亲指姬属（手指玉属）*Dactylopsis* N. E. Br.
	07. 石灵玉族 Tr. Opophyteae Bing Liu & Su Liu，nom. ined.	020. 银须玉属 *Halenbergia* Dinter
		021. 婴趾玉属 *Hydrodea* N. E. Br.
		022. 石灵玉属 *Opophytum* N. E. Br.
	08. 冰花族 Tr. Cryophyteae Bing Liu & Su Liu，nom. ined.	023. 红柱冰花属 *Callistigma* Dinter & Schwantes
		024. 冰花属 *Cryophytum* N. E. Br.
	09. 天赐木族 Tr. Phylloboleae Bing Liu & Su Liu，nom. ined.	025. 露花属（露草属）*Aptenia* N. E. Br.
		026. 镇心草属（显脉番杏属）*Sceletium* N. E. Br.
		027. 银须木属 *Aridaria* N. E. Br.
		028. 天赐木属（天赐属）*Phyllobolus* N. E. Br.
		029. 姬露花属 *Prenia* N. E. Br.

（续表）

亚　科	族		属
5. 舟叶花亚科 Subfam. Ruschioideae Schwantes	10. 黄苏花族 Tr. Apatesieae Schwantes		030. 黄苏花属 *Apatesia* N. E. Br.
			031. 日唱花属 *Carpanthea* N. E. Br.
			032. 剑苏花属 *Conicosia* N. E. Br.
			033. 银唱花属 *Skiatophytum* L. Bolus
			034. 藐唱花属 *Caryotophora* Leistner
			035. 虚唱花属 *Saphesia* N. E. Br.
			036. 风唱花属 *Hymenogyne* Haw.
	11. 彩虹花族 Tr. Dorotheantheae (Schwantes ex Ihlenf. & Struck) Chess., G. F. Sm. & A. E. van Wyk		037. 霓花属 *Cleretum* N. E. Br.
			038. 琴霓花属 *Aethephyllum* N. E. Br.
			039. 彩虹花属（彩虹菊属）*Dorotheanthus* Schwantes
	12. 弥生花族 Tr. Drosanthemeae Chess., G. F. Sm. & A. E. van Wyk		040. 弥生花属（枝干番杏属/泡叶菊属）*Drosanthemum* Schwantes
	13. 舟叶花族 Tr. Ruschieae Schwantes	01. 银杯玉分支 Dicrocaulon Clade	041. 怪奇玉属 *Diplosoma* Schwantes
			042. 银杯玉属 *Dicrocaulon* N. E. Br.
			043. 托星玉属 *Knersia* H. E. K. Hartmann & Liede
			044. 碧光玉属 *Monilaria* (Schwantes) Schwantes
			045. 翠桃玉属（卵锥属/胡桃属）*Oophytum* N. E. Br.
		02. 圆棒玉分支 Disphyma Clade	046. 圆棒玉属 *Disphyma* N. E. Br.
		03. 舌叶花分支 Glottiphyllum Clade	047. 舌叶花属（宝绿属）*Glottiphyllum* Haw.
			048. 蔓舌花属（蔓舌草属）*Malephora* N. E. Br.
		04. 藻玲玉分支 Gibbaeum Clade	049. 藻玲玉属（驼峰花属）*Gibbaeum* Haw. ex N. E. Br.
		05. 露子花分支 Delosperma Clade	050. 露子花属 *Delosperma* N. E. Br.
			051. 晃玉属（光玉属）*Frithia* N. E. Br.
			052. 梅斯木属 *Mestoklema* N. E. Br. ex Glen
			053. 仙宝木属（仙宝属/仙花属）*Trichodiadema* Schwantes
			054. 丽人玉属 *Corpuscularia* Schwantes
		06. 奇鸟玉分支 Mitrophyllum Clade	055. 奇鸟玉属（奇鸟菊属）*Mitrophyllum* Schwantes
			056. 群鸟玉属 *Meyerophytum* Schwantes

（续表）

亚　科	族		属
5. 舟叶花亚科 Subfam. Ruschioideae Schwantes	13. 舟叶花族 Tr. Ruschieae Schwantes	07. 神刀玉分支 Drosanthemopsis Clade	057. 神刀玉属 *Drosanthemopsis* Rauschert
		08. 肉锥花分支 Conophytum Clade	058. 琅华木属 *Jensenobotrya* A. G. J. Herre
			059. 镰刀玉属 *Ruschianthus* L. Bolus
			060. 辉玉树属 *Enarganthe* N. E. Br.
			061. 肉锥花属（厚锥花属）*Conophytum* N. E. Br.
			062. 怪伟玉属 *Odontophorus* N. E. Br.
			063. 虾钳花属（鞘袖属）*Cheiridopsis* N. E. Br.
			064. 瑕刀玉属 *Ihlenfeldtia* H. E. K. Hartmann
			065. 琅玉树属 *Namaquanthus* L. Bolus
			066. 素玉树属 *Polymita* N. E. Br.
			067. 叠琅玉属 *Schlechteranthus* Schwantes
		09. 白鸽玉分支 Jacobsenia Clade	068. 白鸽玉属 *Jacobsenia* L. Bolus & Schwantes
		10. 鸾刀玉分支 Hartmanthus Clade	069. 鸾刀玉属 *Hartmanthus* S. A. Hammer
		11. 锦辉玉分支 Aloinopsis Clade	070. 锦辉玉属 *Prepodesma* N. E. Br.
			071. 旭波玉属（旭波属）*Rabiea* N. E. Br.
			072. 对叶花属（凤鸾玉属/凤卵草属/凤卵属）*Pleiospilos* N. E. Br.
			073. 拈花玉属 *Tanquana* H. E. K. Hartmann & Liede
			074. 角鲨花属（昼花属）*Nananthus* N. E. Br.
			075. 菱鲛属（鲛花属/唐扇属/芦荟番杏属）*Aloinopsis* Schwantes
			076. 虎鲛花属 *Deilanthe* N. E. Br.
		12. 夜舟玉-照波花分支及近缘属 Stomatium-Bergeranthus Clade and related genera	077. 灵石花属（灵石属）*Didymaotus* N. E. Br.
			078. 银丽玉属（碧玉属）*Antegibbaeum* Schwantes ex C. Weber
			079. 胜矛玉属 *Cylindrophyllum* Schwantes
			080. 斗鱼花属（斗鱼属）*Acrodon* N. E. Br.
			081. 蛇矛玉属 *Marlothistella* Schwantes

（续表）

亚　科	族		属
5. 舟叶花亚科 Subfam. Ruschioideae Schwantes	13. 舟叶花族 Tr. Ruschieae Schwantes	12. 夜舟玉-照波花分支及近缘属 Stomatium-Bergeranthus Clade and related genera	082. 墨石花属 *Vlokia* S. A. Hammer
			083. 翠峰玉属 *Brianhuntleya* Chess.，S. A. Hammer & I. Oliv.
			084. 秋矛玉属 *Bijlia* N. E. Br.
			085. 照波花属（照波属）*Bergeranthus* Schwantes
			086. 放龙花属（龙骨角属）*Hereroa*（Schwantes）Dinter & Schwantes
			087. 菱叶草属（快刀乱麻属）*Rhombophyllum*（Schwantes）Schwantes
			088. 细鳞玉属 *Cerochlamys* N. E. Br.
			089. 尖刀玉属 *Khadia* N. E. Br.
			090. 菊波花属（菊波属）*Carruanthus*（Schwantes）Schwantes
			091. 虎牙玉属（翡翠虎牙属）*Machairophyllum* Schwantes
			092. 虎腭花属（肉黄菊属/虎腭属）*Faucaria* Schwantes
			093. 光腭花属 *Orthopterum* L. Bolus
			094. 旭光花属 *Peersia* L. Bolus
			095. 锉叶花属 *Rhinephyllum* N. E. Br.
			096. 唐锦玉属 *Chasmatophyllum Dinter & Schwantes*
			097. 跳石花属 *Mossia* N. E. Br.
			098. 天姬玉属（姬天女属）*Neohenricia* L. Bolus
			099. 夜舟玉属（齿舌叶属）*Stomatium* Schwantes
		13. 紫波玉分支 Antimima Clade	100. 紫波玉属 *Antimima* N. E. Br.
			101. 白仙木属 *Octopoma* N. E. Br.
			102. 樱龙木属（樱龙属）*Smicrostigma* N. E. Br.
			103. 矮樱龙属 *Zeuktophyllum* N. E. Br.
			104. 崖丽花属 *Esterhuysenia* L. Bolus
			105. 红舫花属 *Hammeria* Burgoyne
			106. 叠碧玉属 *Braunsia* Schwantes

（续表）

亚科	族		属
5. 舟叶花亚科 Subfam. Ruschioideae Schwantes	13. 舟叶花族 Tr. Ruschieae Schwantes	14. 龙幻玉分支 Dracophilus Clade	107. 妙玉属 *Namibia* (Schwantes) Dinter & Schwantes ex Schwantes
			108. 龙幻玉属（龙幻属）*Dracophilus* (Schwantes) Dinter & Schwantes
			109. 飞凤玉属 *Juttadinteria* Schwantes
			110. 沾沙玉属 *Psammophora* Dinter & Schwantes
		15. 紫霄木亚族 Subtr. Leipoldtiinae Schwantes ex H. E. K. Hartmann	111. 旭峰花属（旭峰属/帝王番杏属/绘岛属）*Cephalophyllum* (Haw.) N. E. Br.
			112. 窗玉属（棒叶花属）*Fenestraria* N. E. Br.
			113. 紫霄木属 *Leipoldtia* L. Bolus
			114. 万叟玉属 *Vanzijlia* L. Bolus
			115. 石豆玉属 *Hallianthus* H. E. K. Hartmann
		16. 生石花分支 Lithops Clade	116. 胧玉属 *Vanheerdea* L. Bolus ex H. E. K. Hartmann
			117. 刺玉树属 *Eberlanzia* Schwantes
			118. 青须玉属 *Ebracteola* Dinter & Schwantes
			119. 春桃玉属 *Dinteranthus* Schwantes
			120. 魔玉属 *Lapidaria* (Dinter & Schwantes) Schwantes ex N. E. Br.
			121. 生石花属 *Lithops* N. E. Br.
			122. 晚霞玉属（施旺花属）*Schwantesia* Dinter
		17. 舟叶花分支及其他属 Ruschia Clade et al.	123. 舟叶花属（浅矛菊属/红番属）*Ruschia* Schwantes
			124. 群蝶花属 *Erepsia* N. E. Br.
			125. 玉舫花属 *Nelia* Schwantes
			126. 金绳玉属 *Jordaaniella* H. E. K. Hartmann
			127. 梅仙木属 *Ottosonderia* L. Bolus
			128. 银叶花属（金铃属/银石属）*Argyroderma* N. E. Br.
			129. 松叶菊属（细叶日中花属/辉花属）*Lampranthus* N. E. Br. (1930), nom. cons.
			130. 勋波玉属 *Phiambolia* Klak
			131. 天女玉属（天女属/宝玉草属）*Titanopsis* Schwantes

（续表）

亚　科	族		属
5. 舟叶花亚科 Subfam. Ruschioideae Schwantes	13. 舟叶花族 Tr. Ruschieae Schwantes	17. 舟叶花分支及其他属 Ruschia Clade et al.	132. 光琳菊属（琴爪菊属）*Oscularia* Schwantes
			133. 鹿角海棠属 *Astridia* Dinter
			134. 关玉树属 *Stayneria* L. Bolus
			135. 菀玉树属 *Ruschiella* Klak
			136. 粉玉树属 *Wooleya* L. Bolus
			137. 剑叶花属（食用昼花属/匍昼花属）*Carpobrotus* N. E. Br.
			138. 武玉树属 *Stoeberia* Dinter & Schwantes
			139. 勋玉树属 *Amphibolia* L. Bolus ex A. G. J. Herre
			140. 崖辉玉属 *Scopelogena* L. Bolus
			141. 刺沙玉属 *Arenifera* A. G. J. Herre
			142. 浴凰花属 *Circandra* N. E. Br.

参考文献

[1] Steven Hammer. Lithops Flowering Stones [J]. Coctus and Succulent Journal, 2005, 77 (4): 194-195.

[2] Powell R F, Magee A R, Forest F, et al. Speciation and population genetics of button plants (Conophytun, Aizoaceae) [J]. South African Journal of Botany, 2016, 103: 344.

[3] Fearn B. Lithops [M]. British Cactus and Succulent Society Handbook No. 4, UK: Oxford, 1984.

[4] Steve A. Hammer. Lithops-Treasure of The Veld [M]. UK: British Cactus and Succulent Society, 1999.

[5] 兑宝峰. 多肉植物图鉴 [M]. 福州：福建科学技术出版社，2019.

[6] 郝志华，顾偌铖，黄洁兰，等. 常见多肉植物繁育技术的研究进展 [J]. 广东蚕业，2017，51 (4)：13-16.

[7] 张淑红，吕聪真，石林成，等. 枝干番杏组织培养技术 [J]. 黑龙江农业科学，2019 (3)：21-24.

[8] 范丽楠，张宗申，刘平武. 生石花种子萌发及幼苗生长最优条件的筛选 [J]. 安徽农业科学，2016，44 (18)：123-126.

[9] 牟豪杰，王燕，吕永平，等. 生石花植株离体再生及组培快繁研究 [J]. 安徽农业科学，2016，44 (33)：143-144+181.

[10] 周静，杨苏文，方小波，等. 照波的植物组织培养研究 [J]. 贵州科学，2016，34 (6)：13-17.

[11] 陈思，张君，黄洲，等. 非洲冰草快速繁殖及试管苗玻璃化的影响因子 [J]. 植物生理学报，2016，52 (10)：1491-1497.

[12] 申顺先，贺爱利，梁明勤，等. 露花微繁技术体系研究 [J]. 湖北农业

科学，2016，55（14）：3657－3661.

［13］吴正景，黄雪娇，王柏，等．风铃玉的组织培养与快速繁殖［J］．植物生理学报，2015，51（11）：2013－2016.

［14］刘红美，方小波，杨苏文，等．龙须海棠组织培养与试管内开花［J］．植物生理学通讯，2009，45（7）：692.

［15］王祥初，马妍，徐雯．美丽的多肉植物——龙须海棠［J］．中国花卉盆景，2005（6）：24－25.

［16］丁如贤，许铁锋，张汉明．粟米草的组织培养和快速繁殖［J］．植物生理学通讯，2000（3）：231－232.

［17］张学森．番杏科多头植株培育杂谈［J］．中国花卉盆景，2012（6）：17－19.

［18］荣海燕．不同 NaCl 浓度胁迫对冰菜种子萌发和组培苗生长的影响［J］．天津农业科学，2016，22（12）：42－44.

［19］张旭．红大内玉［J］．花木盆景（花卉园艺），2017（10）：2.

［20］邓源．不同配比栽培基质对生石花属植物生长的影响初探［J］．上海农业科技，2019（4）：84－85.

［21］黄广育．生石花栽培技术研究［J］．现代农业研究，2019（4）：27－28.

［22］兑宝峰．认识生石花编号［N］．中国花卉报，2018－02－13（S04）．

［23］兑宝峰．生石花的栽培繁殖［J］．中国花卉园艺，2006（24）：14－16.

［24］于红茹．多肉植物生石花的繁殖与管理技术［J］．园艺与种苗，2017（12）：20－22.

［25］邓源，曹征宇，周亚辉，等．生石花的栽培管理技术［J］．上海农业科技，2017（3）：88－89.

［26］李军．生石花繁殖及养护技术［J］．中国园艺文摘，2017，33（3）：163＋205.

［27］兑宝峰．空蝉栽培［J］．中国花卉园艺，2018（24）：31.

［28］兑宝峰，张旭，李筱莉．番杏科多肉植物中的萌宠［J］．中国花卉园艺，2019（8）：46－48.

［29］兑宝峰，李筱莉．萌萌的“小兔子”——碧光环［J］．花木盆景（花卉园艺），2019（5）：17－19.

［30］兑宝峰．灯泡栽培管理［J］．中国花卉园艺，2014（22）：40.

［31］兑宝峰．高雅的橙黄棒叶花［J］．园林，2000（5）：24.

［32］兑宝峰．多肉植物灯泡栽培技术［N］．中国花卉报，2013－12－17

(008).

[33] 兑宝峰．少将的栽培与繁殖 [J]．中国花卉园艺，2010 (16)：28-29.

[34] 铭钰．生石花的远亲——绫耀玉 [J]．花木盆景（花卉园艺），2014 (10)：34-36.

[35] 张学森．番杏科植物的播种 [J]．中国花卉盆景，2008 (5)：24-26.

[36] 张学森．红钻石风铃玉 [J]．中国花卉盆景，2006 (8)：16.

[37] 张学森．帝玉的繁殖和养护 [J]．中国花卉盆景，2005 (5)：14-15.

[38] 陈劲．趣味盎然的多肉植物——安珍 [J]．花木盆景（花卉园艺），2018 (11)：22-23.

[39] Brockington S F，Rudall P J，Frohlich M W，et al. 'Living stones' reveal alternative petal identity programs within the core eudicots [J]. The Plant Journal，2012，69 (2)：193-203.

[40] 玉山．多肉植物超级变变变——生石花、肉锥花篇 [J]．花木盆景（花卉园艺），2010 (9)：24-27.

[41] 严霖，罗清，梁春，等．生石花属植物栽培繁殖 [J]．农业研究与应用，2016 (2)：78-80.

[42] 孙涛．生石花度夏的几点建议 [J]．中国花卉盆景，2007 (9)：20-21.

[43] 吕明．生石花中的佼佼者——曲玉 [J]．中国花卉盆景，2010 (4)：12-13.

[44] 石华峰．生石花繁殖与养护技术（上）[N]．中国花卉报，2016-09-13 (009).

[45] 石华峰．生石花繁殖与养护技术（下）[N]．中国花卉报，2016-09-20 (009).

[46] 龙雅宜．流光溢彩的彩虹菊 [J]．花木盆景（花卉园艺），2006 (11)：4-5+2.

[47] 朱张生，风筝．生石花授粉技巧 [J]．中国花卉园艺，2014 (2)：28-29.

[48] 孙宁．播种生石花 [J]．中国花卉盆景，2012 (6)：24-25.

[49] 谢维荪．由科尔编号再谈生石花分类 [J]．中国花卉盆景，2005 (4)：16.

[50] 姚鸿年，陆琰．生石花品种与科尔编号 [J]．中国花卉盆景，2004 (12)：4.

[51] 姚志雄，居瑞敬．生石花的变异——畸形与斑锦 [J]．中国花卉盆景，2004 (11)：8-9.

[52] 唐坤宁．冰菜特征特性及栽培技术 [J]．农村新技术，2017 (6)：14-16.

[53] 刘晶晶. 藻玲玉播种日记 [J]. 中国花卉盆景，2012 (6)：33.

[54] 刘华敏，刘威. 冰叶日中花的引种栽培 [J]. 南方农业（园林花卉），2011，5 (4)：12.

[55] 计燕. 趣味盎然的“兔族”多肉植物 [J]. 花木盆景（花卉园艺），2011 (4)：10-12.

[56] 林开文，辛培尧，孙正海，等. 四海波的水培研究 [J]. 西南林学院学报，2009，29 (1)：39-41.

[57] 杨德奎，周俊英. 露花的染色体数目和核型 [J]. 山东科学，1998 (1)：55-57.

[58] 傅立国，陈潭清，郎楷永，等. 中国高等植物（第四卷）[M]. 青岛：青岛出版社，2000.

[59] 王文星，付钰，周志勇，等. 番杏的组织培养与植株再生 [J]. 植物生理学通讯，2002 (05)：456.

[60] 郦月红，王夏，柏广利，等. 南京地区番杏大棚周年栽培技术 [J]. 长江蔬菜，2015 (23)：42-43.